"十四五"时期国家重点出版物出版专项规划项目

材料研究与应用丛书

清洁能源材料与技术

Clean Energy Materials and Technology

梁彤祥　王　莉 编　著

哈爾濱工業大學出版社
HARBIN INSTITUTE OF TECHNOLOGY PRESS

内容提要

全书由 12 章组成,对当今清洁能源技术和材料做了详尽介绍。主要内容包括洁净煤技术的开发及利用,太阳能热利用及太阳能电池,海洋能源的利用,风能发电,地热发电和地热水的直接利用,生物质能的开发,氢能和燃料电池材料及制取,新型锂离子电池及材料,核能技术与材料,核电池技术与材料,热电转换材料等。

本书既可以作为材料、新能源及相关专业高年级本科生教材和研究生参考书,又可作为相关领域科技人员的参考书。

图书在版编目(CIP)数据

清洁能源材料与技术/梁彤祥,王莉编著. ——哈尔滨:哈尔滨工业大学出版社,2012.12(2025.1 重印)
ISBN 978-7-5603-3661-9

Ⅰ.①清…　Ⅱ.①梁…②王…　Ⅲ.①无污染能源-高等学校-教材　Ⅳ.①X382

中国版本图书馆 CIP 数据核字(2012)第 283352 号

策划编辑　许雅莹　杨　桦
责任编辑　张秀华
封面设计　刘　乐
出版发行　哈尔滨工业大学出版社
社　　址　哈尔滨市南岗区复华四道街 10 号　邮编 150006
传　　真　0451-86414749
网　　址　http://hitpress.hit.edu.cn
印　　刷　哈尔滨圣铂印刷有限公司
开　　本　787mm×1092mm　1/16　印张 11.5　字数 266 千字
版　　次　2012 年 12 月第 1 版　2025 年 1 月第 5 次印刷
书　　号　ISBN 978-7-5603-3661-9
定　　价　48.00 元

前　言

本世纪人类面临着实现经济和社会可持续发展的重大挑战。在有限资源和环境保护的制约下发展经济已成为全球最重要的话题。所谓"可持续发展"是指当代的发展应以不损坏子孙后代的环境、资源权益和生活质量为前提。

保护地球、保护生态环境是全世界人民共同的责任,发展清洁能源是完成这一责任的重要手段,也是实现可持续发展的唯一选择。

经过几十年的努力,清洁能源技术与材料已经取得显著的进步,但是发展的速率仍然跟不上能源需求的速率,人口不断增长,发展中国家经济高速发展,资源不断在减少,环境还在继续恶化,可持续发展的路途还很遥远并充满艰辛。

在新型的清洁能源开发过程中,材料的研制是一个非常重要的内容,材料的发展在很大程度上决定着新型能源的性能和成本等,对其广泛应用起到不容轻视的作用。清洁能源的发展需要更多的人投入其中,但愿学习此书的学生、阅读此书的科研人员、技术人员等能够对清洁能源技术与材料产生一定的兴趣,甚至投身于清洁能源发展的工作之中。

全书由清华大学核能与新能源技术研究院梁彤祥、王莉共同完成。王莉副教授自2004年博士毕业后,先后从事新型二次电池、生物质能技术、太阳能材料的研究工作,在新能源技术领域发表科技论文80余篇,授权获发明专利15项。梁彤祥教授自1996年博士毕业后一直在清华大学从事核材料和能源材料的科研教学工作,主讲"核材料科学基础课程",发表了科技论文150余篇,授权获发明专利20项。

本书既可作为材料、新能源及相关专业高年级本科生教材和研究生参考书,又可作为相关领域科技人员的参考书。

清洁能源技术包含的内容广泛,跨度较大,由于本书作者的水平和研究领域的限制,认识比较肤浅,对书中疏漏和不足之处,希望读者予以批评指正,以便及时纠正和提高。

梁彤祥　王莉
于清华大学核能与新能源技术研究院
2012 年 10 月

目　　录

第1章 概　论

　　能源是推动社会发展和经济进步的重要物质基础,每次能源技术的进步都会带来能源结构的演变和人类社会的向前发展。18世纪末期蒸汽机的出现,带来了世界第一次工业革命,煤炭作为蒸汽机的原动力,成为当时的主要能源。20世纪40年代,内燃机、燃气轮机的发展,触发了对石油液态燃料的需求。20世纪末,世界经济高速发展,人们逐渐意识到煤炭、石油等化石燃料资源面临短缺的危险,同时国际政治环境的影响,以及人们环境保护意识的加强,促使人们发展新能源技术,一是要寻找来源广泛的、可再生的替代能源——清洁能源,预防化石燃料的枯竭;二是要减少能源产生过程的污染物、温室气体的排放,给人们一个干净的生存空间;三是要提高能源转化、利用的效率,减少无用功;四是要提高设备装置的安全性能和经济性能。

　　目前世界能源结构呈多元化发展趋势,能源生产和消费走向全球化,在清洁能源的商业化还存在一定距离时,煤炭、石油和天然气在未来的很长一段时间内仍然是主要的能源。近二十几年世界上一次能源增长速度最快的是核能,平均增长率超过5%,约占一次能源供应的7%;煤炭消费量则逐渐降低。

　　能源结构变化还表现在能源的应用形态上,信息技术的发展促进了小型分立的可移动电源需求的迅速增长,新型二次电池在20世纪90年代后每年销售量达到十几亿只以上;燃料电池和二次电池等发展推动了电动汽车的发展;清洁能源技术如风能、太阳能等的发展,对二次电池堆的发展也起到了促进作用,因为风能、太阳能具有间歇性、不稳定性,必须依靠化学电池进行储能。

　　能源技术的进步一方面依靠新的原理、新的技术来改善旧的系统和发展新的能源系统,同时依靠新材料的开发应用。材料是物质文明的基础和标志,材料不仅影响能源系统的性能、效率、寿命、安全性,还对系统的成本起着重要作用。能源材料发展除了兼顾这些性能外,还要考虑材料本身的资源问题和环境问题,例如新能源设备中的材料,要尽量减少稀有贵金属的含量,减少铅、镉等毒性金属的使用量;硅太阳能电池是清洁能源技术,但是在生产硅材料时却消耗大量的资源和电力,也产生较多的污染。

　　能源材料并没有准确的定义,一般认为与能源的开发、运输、转换、储存和利用相关的材料都属于能源材料。

1. 清洁能源技术

　　清洁能源技术主要包括以下系列技术:清洁煤技术和二氧化碳回收技术、天然气发电技术、核能发电技术、可再生能源技术和节能技术等。

　　清洁煤技术主要包括三部分:煤燃烧前的过程、使煤更清洁燃烧的过程以及燃烧后清除废气的过程。美国斯坦福研究人员研制出一套煤前期处理过程,方法是将煤炭在高温高压下做"老化"处理,以改变它的化学结构,结果每千克煤产生的热量提高了

60%,汞、硫和煤灰的成分都大大减少,因而具有更清洁的燃烧过程。美国气体和化学制品公司计划把煤转化为气体、再合成甲醇。最引起人们关注的是一种称作"综合气化循环"的新型发电方法,将煤转化为气体,然后对气体进行清洗,再放入燃烧涡轮机中充分燃烧。优点是发电厂能够更容易地从废气中捕获二氧化碳(CO_2),而发电效率比使用其他方法的效率都高。

二氧化碳回收技术已经应用了数十年,是将收集的二氧化碳埋在地下深处的盐矿、枯竭的油田和气田中。捕获技术、过滤技术、地下保存都需要详细研究。

将 CO_2 转化为燃料的资源化研究已引起了人们的极大的关注,开发利用 CO_2 也是降低温室效应的一种可行途径。将 CO_2 转化为燃料的常规工艺过程是直接光分解,利用光使 CO_2 中的氧原子脱落,再与氢气反应生成甲烷或甲醇。由于工艺过程是高温、高压化学反应,需使用大量能量,因此,用这种工艺不适合大规模生产。

多步骤生物催化工艺的每一步都采用生物催化剂,将 CO_2 转化为中间的含碳化合物,再进入下一步反应,最终形成甲烷、乙烷和丙烷等基础烃类原料。整个过程在低温、低压下进行,需要的能量比其他途径少。另外,采用辐射、等离子体等技术与催化剂配合,可以在常温常压下使 CO_2 与 H_2 反应生成甲烷。

以天燃气甲烷作还原剂,通过两步反应,将 CO_2 催化还原制备碳。该工艺充分利用反应热,生产成本低,能有效实现工业化生产。另外,可将气态 CO_2 转化为超临界流体态 CO_2 作为再生活性炭的理想溶剂。

天然气发电技术在全球发电中所占的比例份额这几年稳步增加,预计到 2050 年将达到 25% 左右。天然气发电的最大优势是具有高的发电效率,现在最先进的联合循环天然气发电机组的效率已达到 60%。天然气发电 CO_2 排放量是燃煤发电排放量的一半,该项技术的广泛应用对 CO_2 减排也起了很大的作用。

核能是唯一可以大规模使用的替代能源,目前正在建设的大多是具有非能动安全的第三代反应堆,在安全性和经济性上都高于正在运行的第二代反应堆。福岛核事故后,设计更安全的反应堆、研发高性能核材料是今后重要任务。据国际原子能机构 IAEA 分析预测,到 2050 年核能发电占全球总发电的比例如果能达到 18%,核电对全球 CO_2 减排的贡献率可以在 8% 左右。

商业化的光伏发电总的系统效率在 6% ~ 15% 之间,实验室水平达到 25% 左右,工业化生产尚有较大空间,还需要不断提高材料性能、工艺过程、封装水平和转换效率。在太阳能热发电商业化之前,直接热利用仍然具有较大的市场前景,尤其是家庭、小区的热利用。

风力发电是可再生能源技术中发展最快、最可能实现商品化、产业化的技术之一,近 20 年来取得很大的发展,目前需要加强研究的是储能技术的规模应用,未来将向海上风力发电发展。

生物质能在技术上已经很成熟,由于陆地可耕种面积的限制,利用海洋微生物、海洋藻类是今后努力的方向。

二次电池技术主要发展方向是提高电池容量和循环寿命,发展高安全性能电池,以期在电动车上应用。

2. 节能技术

节能技术包括建筑节能、工业节能、交通节能等。

建筑是能源消耗的大户，在建筑物外表使用保温材料、保温涂料、节能玻璃等，可以提高建筑的能效，如现在最好的窗户比原来双层玻璃窗户绝热效果提高了 3 倍。建筑绝热性能在过去的二十多年里有了惊人的提高。室内储能材料的使用是今后发展的重要方向。天然气和油加热炉采用了凝结水回收技术，其效率超过 95%。区域供热在许多国家有很好的市场前景，这得益于锅炉效率的提高和更有效的控制技术。地板供热、热泵技术也显示出光明前景，太阳能和地热空调系统早已得到商业应用。近几年节能灯技术有了很大提高，据估计节能灯技术可以节能 30% ～ 60%。

工业能耗占世界总能耗的 30%，其中钢铁生产占很大比例，采用新技术、高性能保温材料、高性能石墨电极可以进一步节能。高炉中实施燃料替代还可以降低 CO_2 排放。在电解铝行业，如果惰性阳极代替预焙炭素阳极就可以大幅度降低能耗。用纸浆来造纸可以接近零能耗，所以造纸行业节能具有巨大潜力。水泥和化学工业能耗在理论上已经接近最低值，热电联产和单独的供热与发电相比，可以节省 10% ～ 30% 燃料。热电联产发电比例在逐年提高，目前已经占到全球发电量的 10%。

交通节能的措施是发展公共交通、电气化铁路。公路交通所消耗的汽油和柴油占全球交通运输能源需求的 70%，通过使用先进燃烧技术的发动机，可以有效地降低燃料消耗；另外选用轻质材料、高效率轮胎和高效的车载设备都可以节省燃料。最终要发展电动车，实现零排放。

3. 材料与资源、环境

人口膨胀、资源短缺和环境恶化是当今人类社会面临的三大问题，走可持续发展的道路成为全世界的共识和未来发展的战略目标。材料是人类文明的物质基础，又是造成资源、能源过度消耗、环境恶化的主要来源之一。为了保护环境，材料本身的发展必须走与资源、能源和环境相协调的道路。

传统的材料研究、开发与生产片面追求良好的使用性能，而忽视材料生产、使用和废弃过程中需要消耗大量的能源和资源，忽视这一过程对环境的危害。今后材料发展的思路应该是对资源和能源消耗少、对环境污染少和循环再生利用率高。

自然资源的枯竭主要有两个原因，一是过度开采，二是资源回收利用率低。因此材料开发研究要坚持尽量减少对自然资源的采掘量，并持续提供高性能的再生循环材料的原则。如金属材料的发展思路主要是，减少冶炼加工过程中有害气体的排放和减少能源的消耗，提高金属材料的循环再生能力和达到零废弃。无机非金属材料很难再生、循环使用，制备无机非金属材料能耗较大，因此无机非金属材料的环境协调性设计主要是降低能耗和大幅度提高产品的使用寿命。有机高分子材料的原料主要来自石油化工行业，近 30 年来高分子材料发展速度十分迅猛，在社会物质文明中扮演着重要角色，应用范围越来越广。在整个生命周期内，高分子材料伴随着化学物质、气体的排放，尤其是废弃材料，严重污染河流、土壤和空气，威胁人类的生存环境。高分子材料的发展之路重点是减少对石油化工原料的消耗和实现再生循环,提高可降解性。

清洁能源技术可以减少环境污染,提高资源利用率,清洁能源材料本身也需要考虑再生循环利用问题,尤其是核废物的处置问题。在金属氢化物镍电池(Ni-MH)和锂离子电池(LIB)的生产和使用量迅速增长的同时,人们也将面临大量废弃的二次电池处理问题和材料回收问题。废弃电池中含有可能对环境危害的元素,必须限制排放;废弃材料中含有 Co、稀土等价格昂贵的金属元素,回收利用可以节省资源。

参考文献

[1] 钱伯章. CO$_2$ 转化制甲醇新路线[J]. 化工设计通讯,2010,36(1):32-33.

[2] 高健,苗成霞,汪靖伦. 二氧化碳资源化利用的研究进展[J]. 石油化工,2010,39(5):465-472.

[3] RESTA M,IBENEDETTO A. Utilization of CO$_2$ as a chemical feedstock:opportunitiesand challenges[J]. Dalton Trans,2007,28:2975-2992.

[4] COATES G W,MOORE D R. Discrete metal-based catalysts for the copolymerization of CO$_2$ and epoxides:Discovery,reactivity,optimization,and mechanism[J]. Angew. Chem. Int. Ed,2004,43(48):6618-6639.

第2章   洁净煤技术

在中国一次能源的消费结构中,煤炭占近70%。煤炭的大量开采和使用,引起了严重的地面污染和大气污染,产生大量的温室气体。环境污染已成为制约我国国民经济和社会持续发展的一个重要因素。

煤炭是我国的基础能源,在以煤为主的能源消费结构在未来20~30年内不会发生根本性改变的前提下,大力发展洁净煤技术,是保证社会经济快速发展、改善环境、提高能源利用率、实现可持续发展的唯一选择。

洁净煤技术主要包括煤炭开发和利用中减少污染和提高效率的煤炭加工、转化、燃烧和污染控制等的新技术(Clean Coal Technology,CCT),洁净煤技术主要由以下几部分内容组成:

(1)煤炭加工技术,包括煤炭洗选、型煤、水煤浆技术;

(2)煤炭高效燃烧及先进发电技术,包括循环或增压流化床燃烧技术及其联合循环发电技术、煤气化联合循环发电技术、超临界发电技术;

(3)煤炭转化技术,包括气化、液化、煤基燃料电池等;

(4)污染控制和资源再利用技术,包括烟气净化脱硫与除尘、粉煤灰综合利用、煤层气开采等技术。

2.1   煤炭加工

2.1.1   煤炭洗选技术

煤炭洗选是利用煤和杂质的物理、化学性质的差异,通过物理、化学或微生物分选的方法使煤和杂质有效分离,并加工成质量均匀、用途不同的煤炭产品。

物理选煤是根据煤炭和杂质的粒度、密度、硬度、磁性及电性能差别,利用旋风、水流、电磁力等将杂质与煤炭分离开。化学选煤则借助化学反应使煤中有用成分富集,除去杂质和有害成分的工艺。

物理和化学选煤可以除去煤炭中的灰分、矿物质、无机硫和有机硫。经过选煤处理后,不仅提高了煤炭的质量,还可以减轻运输负担。另外,选煤可以将煤炭分成不同品质,优化产品结构。

2.1.2   型煤技术

型煤是用一种或多种煤粉与黏结剂、固硫剂混合,在一定压力下加工成具有一定形状和性能的煤炭产品。如居民用的蜂窝煤就是一种型煤。

目前为了提高稻草、秸秆等生物质的燃烧效率,减少燃烧产生的灰尘,出现了煤粉与稻草、秸秆混合压制的生物质型煤。生物质的引入可以降低型煤的燃点。

为了提高型煤的燃烧性能,可以将型煤制备成多孔的结构。

2.1.3　水煤浆技术

水煤浆是微细的优质烟煤粉(平均粒度小于 50 μm)、水和添加剂等组成的煤基流体燃料,如图2.1所示。煤粉的质量分数一般为60% ～ 70%,水约占40% ～ 30%,添加剂一般在1% 左右。水煤浆可以作为锅炉代油燃料、内燃机燃料、工业窑炉燃料等。由于它具有较好的流动性和稳定性,可以像石油产品一样储存、运输。

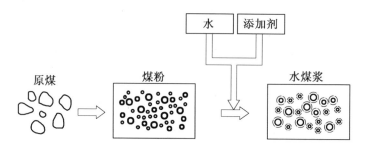

图2.1　水煤浆制备原理

添加剂是一种表面活性剂,包裹在煤粉表面提高煤粉的分散性能,从而提高水煤浆的悬浮性能,并改善流动性能,减少运输过程中,水煤浆对容器的磨损,避免煤粉发生沉降。

水煤浆燃烧时喷嘴的结构影响燃烧效率,为了提高燃烧效率,希望水煤浆经过喷嘴后,达到最佳的雾化状态。图2.2 为强旋流喷嘴结构。

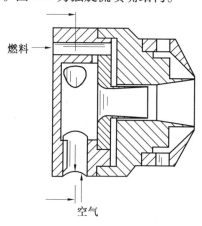

图2.2　强旋流喷嘴结构

水煤浆燃烧技术的优点包括:燃烧效率高,由于通过洗选煤,使得灰分、硫含量减少30% 左右;燃烧温度低于150℃,燃烧后 SO_2、NO_x 排放量可以减少30% ～ 40%。

水煤浆尚未解决的问题有:灰尘的污染仍然存在;与煤粉炉相比经济性较低;SO_2 污染不能彻底解决。

2.2 煤炭洁净燃烧和发电技术

煤炭洁净燃烧和发电技术是指在煤的燃烧过程中提高燃烧效率、减少污染物排放的技术,它主要包括工业锅炉高效燃烧技术、循环流化床锅炉燃烧发电、增压流化床燃烧联合循环发电、整体煤炭气化燃气－蒸汽联合循环发电、超临界发电技术和低 NO_x 燃烧等技术。

2.2.1 循环流化床锅炉燃烧技术

如图 2.3 所示,煤炭颗粒在炉膛内,在底部吹来具有一定速度的气流鼓动下,在炉膛内形成流态化运动,分散的颗粒与氧充分接触燃烧。未燃尽的大颗粒升至炉顶部出口,经过旋风分离器再从底部返回炉膛继续燃烧。而烟气和燃尽的微小颗粒排至烟囱经过过滤器收集。该技术的优点是:清洁燃烧,脱硫率可达 80% ~ 95% , NO_x 排放可减少 50%;燃料适应性强,特别适合中、低硫煤;燃烧效率高,可达 95% ~ 99% 。

燃烧时加入石灰石颗粒,可达到脱硫的目的,而且石灰石颗粒可以循环使用,提高脱硫效率。

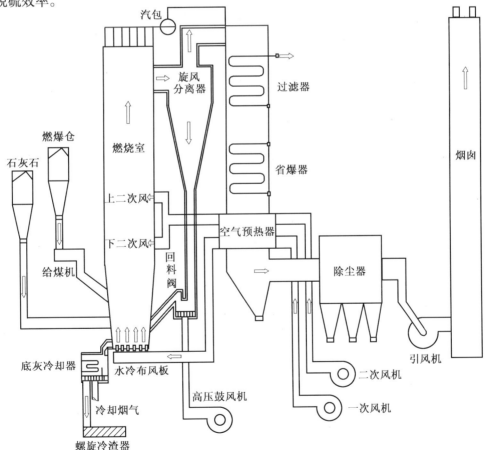

图 2.3 循环流化床锅炉燃烧技术示意图

增压流化床燃烧技术与图 2.3 示意相同,只是锅炉内工作压力增加,一般为 1.2 ~ 1.6 MPa。烟气增压后,进入燃气轮机可以产生膨胀做功,提高发电效率。

2.2.2　整体煤炭气化燃气 – 蒸汽联合循环发电技术

整体煤炭气化燃气 – 蒸汽联合循环发电技术是煤气化和蒸汽联合循环的结合,是当今国际正在兴起的一种先进的洁净煤发电技术,具有高效、低污染、节水、综合利用好等优点。该发电系统由两部分组成,第一部分是煤的气化与净化部分,主要设备有气化炉、煤气净化、硫回收装置;第二部分为燃气 – 蒸汽联合循环发电部分,主要设备有燃气轮机发电系统、余热锅炉、蒸汽轮机发电系统。

整体煤炭气化燃气 – 蒸汽联合循环发电系统如图 2.4 所示,其工艺过程是:

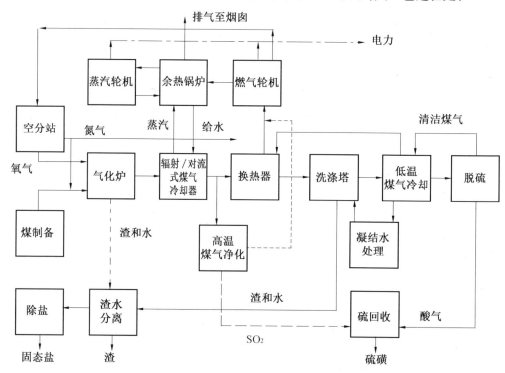

图 2.4　整体煤炭气化燃气 – 蒸汽联合循环发电系统

煤经过气化和净化后,除去煤气中 99% 以上的硫化氢和接近 100% 的粉尘,变成清洁的气体燃料,然后送入燃气轮机的燃烧室燃烧,驱动燃气轮机发电;燃气轮机排气进入余热锅炉加热给水,产生的蒸汽驱动蒸汽轮机发电。此技术发电效率可达到 45% 以上,SO_2 排放约为 10 mg/m³ 左右,是目前已进入商业化运行的洁净煤发电技术中,发电效率和环保效果最好的技术。现在,全世界已建、在建和拟建的该类电站近 30 套,最大的为美国 44 万千瓦机组。

2.2.3 超临界发电技术

物质的气态和液态之间的区别在于它们的密度不同。如果给一个气液共存的平衡体系不断升温并加压的话，热膨胀会使液体密度不断减小，而同时气体密度却随着压强的增大而不断增大；当温度和压强升高到一定程度时，气态和液态的密度趋于相等，它们之间的分界线也就消失了，物质的这种状态就是它的临界状态。此时的温度和压强称之为"临界参数"，分别记做临界温度 T_C 和临界压强 P_C。例如，CO_2 的 T_C 为 30 ℃，P_C 为 7.3 MPa；NH_3 的 T_C 为 132 ℃，P_C 为 11.3 MPa；H_2O 的 T_C 为 374 ℃，P_C 为 22.1 MPa。当体系参数高于临界点时，就出现如图 2.5 所示的超临界状态。超临界发电就是采用中间再加热技术，提高蒸汽的压力和温度，将初参数提高到超临界状态，从而提高可用能的品位和热能转换效率，降低煤耗，这是大容量火电机组提高效率的主要方向。火力发电超临界机组可分为两个层次，一个是常规超临界机组，主蒸汽压力 24.2 MPa，主蒸汽和再热蒸汽温度为 540 ~ 560 ℃；另一个是高效超临界机组，也称超超临界机组，其主蒸汽压力为 28.5 ~ 30.5 MP，主蒸汽和再热蒸汽温度为 580 ~ 600 ℃。与同容量亚临界火电机组比较，超临界机组可将发电厂供电效率提高 2% ~ 2.5%，超超临界机组可提高 6% ~ 7%。

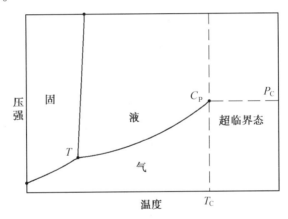

图 2.5　物质临界状态相图

图 2.6 为超临界和超超临界机组的发电效率。此图中均取冷却水温为 25 ℃，在其他条件相同时，可从亚临界一次再热机组（14 MPa/540 ℃/540 ℃）的发电厂供电效率 37%，提高到超临界一次再热机组（日本知多火电厂 24 MPa/538 ℃/566 ℃）的 40%，直到超超临界二次再热机组（日本川越火电厂 31 MPa/566 ℃/566 ℃/566 ℃）的 44%。对比我国热效率较高的亚临界机组，相对地可少用燃料 20%，相对于我国目前的发电平均煤耗 404 g/kWh，则可减少 47% ~ 51% 燃耗。

亚临界和超临界锅炉的大部分设备相同，但亚临界锅炉利用汽包将汽水分离，超临界锅炉没有汽包，因此超临界锅炉又称为直流式锅炉。在锅炉高温高压管道材料上，解决高温承压部件的材质问题是开发高效超临界锅炉的关键技术。对其性能的要求是：

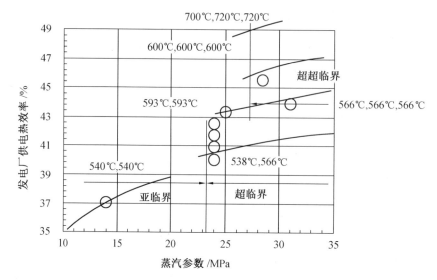

图 2.6　超临界和超超临界机组的发电效率

高温热强度高,抗高温烟气和水汽的氧化腐蚀,良好的焊接和加工性能。

由于制造,特别是安装的要求,锅炉水冷壁必须是无需焊后热处理的材料制成,通常采用的钢种为 T12/13CrMo44。这种材料就水冷壁而言,最高许用温度 460 ~ 470℃。对于高效超临界锅炉,当蒸汽参数为 28 MPa/580℃/580℃ 时,水冷壁采用这种材料还是可行的。

低合金 Cr – Mo 钢的最大不足是其高温蠕变断裂强度低。日本新研制的 HCM2S 不仅具有优于常规低铬铁素体钢的高温蠕变强度,而且具有优于 2.25% Cr – 1% Mo 的可焊性,也不需要焊前预热和焊后热处理。

对于过热器、再热器出口集箱及其连接管道,P22/X20CrMoV121 材料的极限许用温度略高于 550℃。若采用改善的 9% Cr 钢 P91 做集箱,其极限许用温度可超过 580℃。用 P91 替代 P22,尽管其焊接性能不及 P22,但壁厚可减薄 50% 以上,经济效益十分可观。

在集箱领域中,对 P91 的进一步改进,新一代(9 ~ 12)% Cr 系钢按其高温蠕变,断裂强度已经进入奥氏体钢的温度范围。在 600℃ 的条件下,其壁厚可比 P91 减薄 40%,如 E911、NF616 和 HCM12A 等。

对于过热器、再热器管束,在 600 ℃/600 ℃ 的条件下,其最高管壁温度达到 650 ~ 670 ℃,因此选用奥氏体是十分必要的,如 TP347H、TP347HFG、Super304H 等。甚至部分高温段采用(20 ~ 25)% Cr 系的奥氏体钢,这种材料给予足够的蠕变断裂强度,且由于含 Cr 高还能很好地抗高温腐蚀。奥氏体钢在受到热疲劳时易出问题,但用于管束,由于口径小管壁薄,产生热疲劳的可能性不大。

2.3 煤炭转化技术

煤炭转化技术包括煤炭气化技术和煤炭液化技术。煤炭气化技术可以生产燃料气（煤气）、化工合成气、冶金还原气；液化技术可以弥补石油资源的不足。

2.3.1 煤炭气化

煤炭气化是在一定温度和压力下使煤中有机质与蒸汽、空气或氧气发生一系列化学反应，将煤转化为以 CO、H_2、CH_4 等可燃气体为主要成分的生产过程。

煤的蒸汽气化可以制备甲烷和合成天然气，同时可以制氢，反应方程式为

$$C + H_2O \longrightarrow CO + H_2 \tag{2.1}$$

$$CO + H_2O \longrightarrow H_2 + CO_2 \tag{2.2}$$

$$CO + 3H_2 \longrightarrow CH_4 + H_2O \tag{2.3}$$

$$2C + 2H_2O \longrightarrow CH_4 + CO_2 \tag{2.4}$$

在各种气化方法中，加氢气化能使生产的煤气中含有高含量的甲烷，特别利于生产代用天然气。与合成气催化甲烷化过程相比，加氢气化制取甲烷的效率更高而成本却很低。其反应式为

$$C + 2H_2 \longrightarrow CH_4 \tag{2.5}$$

但存在一些副反应为

$$CH_4 + H_2O \longrightarrow CO + 3H_2 \tag{2.6}$$

$$CO + H_2O \longrightarrow CO_2 + H_2 \tag{2.7}$$

$$2C + 2H_2O \longrightarrow CH_4 + CO_2 \tag{2.8}$$

煤炭气化技术广泛应用于下列领域：

1. 工业燃气

一般热值为 $1\,100 \sim 1\,350$ kal 的煤气，采用常压固定床气化炉、流化床气化炉均可制得。主要用于钢铁、机械、卫生、建材、轻纺、食品等部门，用以加热各种炉、窑，或直接加热产品或半成品。

2. 民用煤气

一般热值在 $3\,000 \sim 3\,500$ kal，要求 CO 小于10%，除焦炉煤气外，用直接气化也可得到。与直接燃煤相比，民用煤气不仅可以明显提高用煤效率和减轻环境污染，而且能够极大地方便人民生活，具有良好的社会效益与环境效益。出于安全、环保及经济等因素的考虑，要求民用煤气中的 H_2、CH_4 及其他烃类可燃气体含量应尽量高，以提高煤气的热值；而 CO 含量尽量低。

3. 化工合成和燃料油合成原料气

以煤为原料生产合成气，国外称为"一碳化学"工业，是煤炭化学工业的基础，发展前景广阔。早在第二次世界大战时，德国等一些国家就采用煤合成航空燃料油。随着合成气化工和碳 – 化学技术的发展，以煤气化制取合成气，进而直接合成各种化学品

的路线已经成为现代煤化工的基础,主要包括合成氨、合成甲烷、合成甲醇、醋酐、二甲醚以及合成液体燃料等。

化工合成气对热值要求不高,主要对煤气中的 CO、H_2 等成分有要求。目前,我国合成氨的甲醇产量的 50% 以上来自煤炭气化合成。

4. 冶金还原气

煤气中的 CO 和 H_2 具有很强的还原作用,在冶金工业中利用还原气可直接将铁矿石还原成铁;在有色金属工业中,镍、铜、钨、镁等金属氧化物也可用还原气来冶炼。

5. 联合循环发电燃气

用于整体煤气化联合循环发电的煤气,对热值要求不高,但对煤气净化度如粉尘及硫化物含量的要求很高。

6. 煤炭气化燃料电池

燃料电池是由 H_2、天然气或煤气等燃料(化学能)通过电化学反应直接转化为电的化学发电技术。燃料电池如磷酸盐型、熔融碳酸盐型、固体氧化物型等,可以与高效煤气化结合进行发电,其发电效率可达 53%。

7. 煤炭气化制氢

氢气广泛地用于电子、冶金、玻璃的生产,以及化工合成、航空航天、煤炭直接液化及氢能电池等领域,目前世界上 96% 的氢气来源于化石燃料转化,而煤炭气化制氢起着很重要的作用。一般是将煤炭转化成 CO 和 H_2,然后通过变换反应将 CO 转换成 H_2 和 H_2O,将富氢体经过低温分离或变压吸附及膜分离技术,即可获得 H_2。

8. 煤炭液化的气源

不论煤炭直接液化和间接液化,都离不开煤炭气化。实现气化需要具备 3 个条件:气化炉、气化剂和热量。气化过程发生的反应包括煤的热解、气化和燃烧反应。煤的热解是指煤从固相变为气、固、液三相产物的过程。煤的气化和燃烧反应则包括两种反应类型,即非均相气 – 固反应和均相的气相反应。

煤炭气化工艺主要有以下几种:

(1)固定床气化

在气化过程中,煤由气化炉顶部加入,气化剂由气化炉底部加入,煤料与气化剂逆流接触,相对于气体的上升速度而言,煤料下降速度很慢,甚至可视为固定不动,因此称之为固定床气化。

(2)流化床气化

颗粒粒度为小于 10 mm 的煤粉在气化炉内悬浮分散在垂直上升的气流中,颗粒在沸腾状态进行气化反应,从而使得煤料层内温度均一,易于控制,提高气化效率。

(3)气流床气化

这是一种并流气化,用气化剂将粒度为 100 μm 以下的煤粉带入气化炉内,也可将煤粉先制成水煤浆,然后用泵打入气化炉内。煤料在高于熔点的温度下与气化剂发生燃烧反应和气化反应,灰渣以液态形式排出气化炉。

2.3.2 煤炭液化

煤炭液化分为直接液化与间接液化。直接液化是将煤炭在高温（450℃）高压（20 ~ 30 MPa）下与氢反应，使煤炭直接生成液态物质；间接液化是先把煤炭气化，制成煤气，再合成为液体燃料。工业上实现煤炭液化的方法，以间接液化为主。煤炭液化技术复杂，难度高，投资大，比天然石油成本高，目前还没有竞争能力。但从长远观点看，天然石油储量远不如煤炭多，而且过量开采，使许多含油层遭到破坏，石油匮乏的日子终将到来，那时，液化煤炭必将取代石油成为动力与工业生产上不可缺少的二次能源。

煤炭液化产品主要有汽油、煤油，作为汽车、农业等方面使用的发动机燃料；化工产品，如液化丙烷、丁烷、乙烯、丙稀和聚氯乙稀等。

2.4 污染控制和资源再利用技术

2.4.1 烟气净化技术

煤炭燃烧排放的烟气含有大量的烟尘、SO_2 和 NO_x 等有害物质，对大气造成严重的污染。烟气净化技术是指根据煤烟气中有毒有害气体的物理和化学性质特点，对其中的污染物予以脱出、净化的技术。主要包括烟气脱硫、除尘和脱硝技术，其作用分别是除 SO_2、净化粉尘和 NO_x。

控制 SO_2 排放技术有三种：燃烧前用选煤技术进行脱硫、燃烧过程中加入石灰石等吸收剂脱硫和燃烧后烟气的脱硫。

烟气脱硫主要分为干法和湿法两种，吸收剂主要包括碱性的石灰石、氢氧化钙、氢氧化镁、海水、活性炭和氨水等。其他方法包括电子束辐射脱硫、脉冲电晕等离子体脱硫工艺。

碱性吸收剂的脱硫原理是酸碱中和反应，如 SO_2 和 $CaCO_3$ 反应生产 $CaSO_4$。中性的物理吸附剂如活性炭可以吸附 SO_2，与水蒸气反应可以制备稀硫酸。电子束辐射脱硫的原理是辐射，辐射使水产生自由基，与 SO_2、NO_x 形成硫酸和硝酸。可以回收硫酸或硝酸，也可以与氨水中和制备硫酸氨和硝酸氨。

烟气除尘主要是除去飞尘，可以采用布袋除尘器、电除尘器、旋风分离技术等。电除尘的原理是使飞尘颗粒表面荷电，在电场作用下定向运动从而达到除尘目的。

烟气脱硝主要是控制 NO_x 排放量，一是开发新型燃烧器改善燃烧条件来减少 NO_x 的形成，如降低燃烧温度、减少高温区的供氧量等；二是处理排出的烟气，利用化学反应或物理吸附来减少或消除烟气中的 NO_x。如 NH_3 可以还原 NO_x，生产 N_2；C 可以与 NO_x 反应形成 N_2 和 CO_2。

2.4.2 资源再利用技术

资源再利用包括煤矸石和粉煤灰的再利用。煤矸石是在成煤过程中与煤共同沉积的有机化合物和无机矿物质混合在一起的岩石,以炭质灰岩为主要成分,是煤炭挖掘、洗选加工产生的固体排弃物。粉煤灰是煤炭燃烧后的固态残留物,一是经除尘器收集下来的细小固体颗粒,二是炉底渣。这些废弃物如果得不到利用,不仅占用大量土地,而且会造成大气、土壤、水质的污染。最简单的利用是矿井回填、制作水泥、铺路、建筑混凝土等,如何形成高附加值利用,是目前开发和研究的热点。

煤矸石的高附加值利用包括煤矸石发电、提取硫铁矿、制造化肥、制备陶瓷或分子筛原料以及提取化工产品等。

粉煤灰的主要化学成分是氧化铝和氧化硅,因此可以利用粉煤灰制备微晶玻璃、泡沫玻璃。另外,粉煤灰中含有微米级的空心微珠,分离提取后可以制作吸附材料、隔热材料、复合材料等。

1. 利用粉煤灰制备微晶玻璃

烧结法制备的微晶玻璃装饰板材作为一种新型建筑装饰材料已越来越受到玻璃生产企业以及建筑设计师的青睐。基本组成是 $CaO - Al_2O_3 - SiO_2$,是一种不含晶核剂的以表面向内部析出针状或枝状晶体的微晶玻璃。与天然石材相比,微晶玻璃有以下优点:结构致密、高强、耐磨、耐侵蚀;在外观上纹理清晰、色泽鲜艳、无色差、不褪色等。利用粉煤灰研制建筑装饰微晶玻璃可以有效地降低原料的成本,实现废物利用。

制备工艺一般为:分析粉煤灰的成分组成,根据微晶玻璃的相图加入适当的氧化物以及氧化物形核剂;原料粉混合、研磨;加热至 1 500℃ 左右熔化,水淬得到玻璃粉,研磨得到合适的粒度;压制或流延成型,得到板材;加热到 850℃ 左右保温,使晶相形核;然后升温至 1 150℃ 左右保温进行晶化;冷却得到微晶玻璃板材。

2. 粉煤灰空心微珠

粉煤灰空心微珠平均粒径小于 2 μm,是从粉煤灰中提选出来的一种新型多功能颗粒材料,如图 2.7 所示。它具有体轻、粒径小、耐磨性强、抗压强度高、分散性流动性好、反光、无毒等优异性能,可代替制造成本较高的人造空心微珠应用到建材、橡胶、塑料、航空航天、电子等领域,发挥出其原料丰富、变废为宝、价格低廉的优势。

粉煤灰空心微珠的生成与燃煤的成分和微结构,以及煤粉颗粒的燃烧过程有关。一般来说烟煤,特别是发热量高、含硫量低的烟煤,燃烧后生成的粉煤灰中空心微珠较多。无烟煤次之,而褐煤燃烧后生成的粉煤灰中几乎不含空心微珠。另外,采用悬浮燃烧的煤粉锅炉有利于粉煤灰空心微珠的形成,其他锅炉如链条炉、沸腾炉、旋风炉等不易产生空心微珠。

粉煤灰空心微珠通常分为漂珠和沉珠两类,漂珠是指密度小于 1 g/cm³,能漂浮在水中的粉煤灰空心微珠;沉珠是指密度大于 1 g/cm³,在水中沉淀的粉煤灰空心微珠。漂珠大部分为外表光滑的珠形颗粒,化学成分主要为 SiO_2 和 Al_2O_3,相组成主要为石英相和莫来石相,抗酸抗碱性能好,耐火度高,导热系数小,色散效应不明显,反射率较高,电绝缘性能特别优异。沉珠的外表有许多不规则的突起,壳壁上可见气孔,有小部分为实心,与漂珠相比,沉珠密度大、壁厚、粒度细、耐磨、强度高。

空心微珠的应用主要包括以下几个方面:

图 2.7 平均粒径小于 2 μm 的粉煤灰空心微珠

（1）制造轻质耐火材料、绝热材料。多孔材料的热导率低，因此用空心微珠制备陶瓷材料，具有较好的隔热性能。

（2）粉煤灰空心微珠加入到橡塑材料中，不仅可以降低橡塑产品的成本，在降低基体密度的同时，提高基体的刚度、强度，并改善材料的尺寸稳定性和绝缘性，使其具有强度高、耐热性好、导热性小、耐磨性好等优点，是一种优异的填充材料。

由于微珠呈球形，与形状不规则的颗粒相比，球形填料的优点是减少应力集中，提高材料在挤压成型过程中的流动性能。

（3）对空心微珠进行表面改性或包覆，制作特种功能材料。表面镀覆了铜的粉煤灰空心微珠可以用来制作导电性高分子材料，加入到金属材料中制作金属基材料，降低金属材料的密度，起到很好的弥散强化作用；应用纳米金属微粒及金属氧化物微粒的吸波隐形原理，在粉煤灰空心微珠表面镀覆铜、镍、二氧化钛，可以获得在 389 ~ 415 nm、470 ~ 3 500 nm 波长内具有 85% ~ 90% 吸收率的吸波材料；以粉煤灰空心微珠为载体来负载 TiO_2 光催化剂，这种材料很容易与水分离，克服了 TiO_2 与水体分离较困难的不足，而且提高了对苯酚的去除率，是一种很好的水处理光催化剂。

（4）粉煤灰空心微珠可以制作良好的防水涂料；加入到乙烯类塑料中可制成有效的消声器材，将噪声由 95 ~ 100 dB 降低至 90 dB 以下；作为石油炼制过程中的一种裂化催化剂，用以提高汽油的产量和质量；可作为发泡剂，用来制备发泡铝合金；利用粉煤灰漂珠密度小、耐压力高的特点，可制成打捞潜艇、深海油田开发等多种用途的浮力材料；利用粉煤灰空心微珠的反光效果，可以制成道路交通方面的路标及反光材料。

参考文献

［1］余岳峰. 国际清洁能源技术现状与发展趋势［J］. 上海节能,2008,3:17-23.

［2］成玉琪. 洁净煤技术是煤炭工业可持续发展的重要支柱［J］. 洁净煤技术,1995,1:19-21.

［3］刘文华. 洁净煤技术与洁净煤燃烧发电［J］. 能源与环境,2011,4:49-51.

［4］徐振刚,曲思建. 中国洁净煤技术［M］. 北京:煤炭工业出版社,2012.

［5］何国锋. 水煤浆技术发展与应用［M］. 北京:化学工业出版社,2012.

［6］陈文敏,杨金和. 煤矿废弃物综合利用技术［M］. 北京:化学工业出版社,2011.

［7］JORJANI E,CHAPI H G,KHORAMI M T. Ultra clean coal production by microwave irradiation pretreatment and sequential leaching with HF followed by HNO_3［J］. Fuel Processing Technology,2011,92(10):1898-1904.

［8］TOPPER J M,CROSS P J I,GOLDTHORPE S H. Clean coal technology for power and cogeneration［J］. Fuel,1994,73(7):1056-1063.

第3章 太阳能热利用及太阳能电池

与其他能源相比,太阳能具有很多优点,例如:

(1) 地球上一年接受的太阳能总量为 1.8×10^{18} kWh,远远大于人类对能源的需求量;

(2) 分布广泛,不需要开采和运输;

(3) 不存在枯竭问题,可以长期利用;

(4) 安全卫生,对环境无污染等。

太阳能在能源结构中占有重要的地位,开发利用太阳能受到人们的高度重视。太阳能的直接利用主要包括太阳能的热利用、电利用和储存。

太阳能具有许多其他能源难以比拟的优点的同时,也具有一些其本身固有的缺点,如强度比较低、不连续、不稳定等,这些缺点在很大程度上影响了太阳能的应用。

太阳能的储存方式包括机械能储存、热能储存、电能储存、化学能储存和生物质能储存,其中机械能储存、热能储存及电能储存只能进行短时间储存,化学能储存和生物质能储存可以长时间的储存。在化学能储存方式中,利用太阳能从水中直接制备氢具有储存能量大、原料来源广泛、使用方便及清洁无污染等优点。目前人们已经有多种利用太阳能制氢的设想并开始进行研究,但现在还处于基础研究阶段,离实用化还有很大距离。

本章将主要对太阳能集热器和太阳能电池及所需材料的基本问题和研究状况进行简要的介绍。

3.1 太阳能的热利用

太阳能集热器是把太阳辐射能转换为热能的装置,分为平板型和聚焦型两种。平板型集热器吸收太阳辐射的面积与采集太阳辐射的面积相同,对太阳的直接辐射和被大气层反射和散射的漫射辐射都能利用;聚焦型集热器利用光学系统改变太阳光束方向,使入射辐射聚集在吸收表面上提高能流密度。平板型集热器具有结构简单、性能可靠、故障少、维修管理方便及造价低等优点,是目前主要的太阳能热利用装置。

3.1.1 平板型集热器

平板型集热器的基本结构如图3.1所示,主要由透明盖板、吸热板、隔热保温层和外壳组成。

透明盖板材料的选用原则是最大限度地提高集热器效率、寿命长、价格便宜。要求材料具备以下性能:

① 太阳光透过率高;

② 对远红外线具有较低的发射率;

③ 具有良好的机械性能;

④ 热膨胀系数小;

⑤ 耐腐蚀和抗老化;

⑥ 价格便宜。

目前常用的材料有普通玻璃、钢化玻璃、透明玻璃钢、透明塑料等。

普通玻璃具有较高的透过率、红外反射率及较好的抗老化能力。影响玻璃透过率的主要成分是强着色剂,如 Cr、Cu、Mn、Co、Fe 等,玻璃中含有这些光致着色成分时会使玻璃的透过率下降。

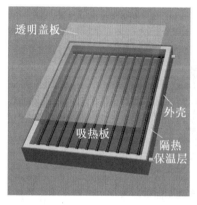

图 3.1　平板型集热器

降低玻璃对光线的反射率可以提高热效率,在玻璃上制备含吸收剂颗粒的吸收涂层是降低反射的最有效的方法之一。吸热剂材料包括 PbS、Fe_3O_4、Cr_2O_3、Fe_2O_3、$FeMnCuO_4$、$FeCu_3O_5$ 及碳黑等。另外在盖板材料上制备一层选择性透射涂层,在保证高透过率的同时具有低的红外发射率,是降低辐射热损失的一种有效方法。常用的选择性透射涂层材料体系包括 SnO_2、ITO、$TiO_2/Ag/TiO_2$、$SnO_2/Ag/SnO_2$、$ZnS/Ag/ZnS$ 等。

为了提高吸收太阳辐射的效率,要求吸热板尽可能多地吸收太阳辐射,将吸收到的太阳能尽量多地传递给传热工质,热损失尽可能小。常用的吸热体材料主要有普通钢、不锈钢、铝、铜和玻璃等,为了满足材料具有高的太阳光吸收率和低的红外发射率的要求,一般都在吸热体材料上制备选择性吸收涂层。

3.1.2　太阳能空调

太阳能空调系统兼顾供热和供冷两个方面的应用,办公楼、招待所、学校、医院、游泳池等,都是比较理想的应用对象。太阳能空调及热水系统如图 3.2 所示,图 3.2(a)为太阳能溴锂复合超导真空采暖、供暖、供水系统示意图。平板型集热器收集太阳能产生热水,分别储存在制冷及生活热水水箱中,采用一台两级吸收式制冷机,用太阳能热水输入制冷机制冷。采取中央空调供冷方式,制取的 9℃ 左右的低温水送到用户的风机盘管,然后返回冷冻水箱。当天气不好、水温不足时,用一台燃油热水炉辅助升温,保证系统能全天候运行。生活热水则直接输送到用户。图 3.2(b) 为太阳能供热供冷简图。

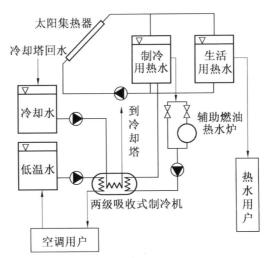

(a)太阳能溴锂复合超导真空采暖、供暖、供水系统示意图

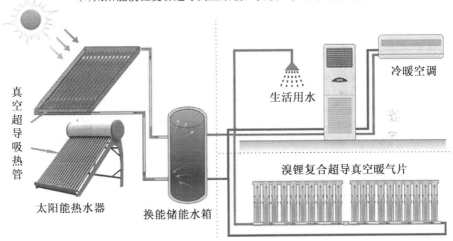

(b)太阳能供热供冷系统示意图

图 3.2 太阳能空调及热水系统

上面所述为采用制冷机实现制冷,如果采用热电转换材料和太阳能电池组合,也可以实现太阳能制冷的效果。如图 3.3 所示,由太阳能光电池阵列、数控匹配器、蓄电池和半导体制冷装置 4 部分组成。太阳能光电转换器输出直流电,一部分直接供给半导体制冷装置,另一部分进入储能设备储存,以供阴天或晚上使用,以便系统可以全天候正常运行。

建筑物是耗能大户,其中照明、供热和空调就占一半以上能耗,太阳能在建筑上的应用不仅可以节省能源,更重要的是有利于保护环境。如图 3.4 所示,利用太阳能供电、供热、供冷、照明,最终实现"绿色能源"的房子,是世界上许多发达国家的热门研究课题,也将是 21 世纪一个应用面很广、需求量很大的多学科交叉的综合性课题。这也是太阳能利用的一个引人注目的发展趋势。

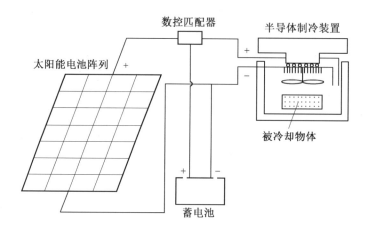

图 3.3　太阳能光电制冷系统

图 3.4　太阳能绿色能源房子

3.1.3　太阳热直接发电

已有的太阳热发电系统都用热机和发电机来实现能量的转换,在线聚焦和塔式系统中用的是传统的蒸汽轮机作原动机,这样的系统只有在大容量发电的场合才能获得良好的技术经济指标;点聚焦 – 斯特林系统的容量可以小到几个千瓦,但是需要用氢或氦作介质,工作压力高达 150 个大气压。采用热电材料来替代上述能量转换部件,是一种可取的思路。表 3.1 给出温差半导体、热电子发电器、热光伏发电器和碱金属热电转换器的工作原理和对应的热源温度。其中温差半导体发电技术成熟、成本低,缺点是发电效率低。

碱金属热电转换器用 $\beta'' - Al_2O_3$ 固体电解质作选择性渗透膜,以金属钠为工质,在液钠／$\beta'' - Al_2O_3$ 界面由化学势梯度驱动,使钠离子和电子分离,实现热电能量的直接转换。由于它在中等的热源温度范围就能达到30% 左右的效率,远高于热电半导体发电的效率(5% 左右),又不必使用像热光伏发电器那样的高温材料,器件结构也比热电子发电器简单,因而颇受人们的关注。

表 3.1　四种直接发电器件的工作原理和特点

器件名称	工作原理	热源温度	特　点
温差半导体	热电效应	200 ～ 1 000℃	技术成熟,效率低
热电子发电器	热电子发射	1 100 ～ 1 500℃	效率高,结构复杂
热光伏发电器	利用在红外波段响应良好的光伏效应	> 1 500℃	效率高,要求高温选择性辐射材料
碱金属热电转换器	$\beta'' - Al_2O_3$ 的离子导电	600 ～ 900℃	效率高,结构简单

除了无运动部件、无声、无需维护之外,碱金属热转换器是一种低电压面积型器件,功率密度可达 0.5 ～ 1.0 Wcm^{-2},比普通光伏电池的功率密度高;可以靠模块组合构成不同规模的发电装置,而且能量转换效率与装置容量无关。因此,只要在效率和价格方面具有竞争力,用直接发电器件代替传统的能量转换部件是可行的。

如果把点聚焦 - 斯特体系统中的斯特林发动机／发电机组以碱金属热电转换发电器件取代,那么就构成了点聚焦太阳热直接发电系统。采用点聚焦集能有很大的聚光比,容易达到高效率,就能量转换效率而言,碱金属转换器可以同斯特林机组匹敌,还可以考虑与其他器件串联组合,有效利用排热来增加系统的效率。此外,点聚焦系统容量范围宽,可以避开占地、选点的难题,降低建设费用。

碱金属热电转换器只要求聚光镜焦斑处的温度不低于 900℃ 就能实现高效发电,这一温度正好与斯特林发动机所要求的一致。

美国最早研究开发碱金属热电转换技术的机构有福特汽车公司和美国宇航局喷气推进实验室,1990 年以来美国先进模块电源系统(AMPS)公司则对碱金属热电转换器的商用化起到重要的推动作用。

AMPS 公司还对燃烧加热、电功率 35 kW 的碱金属热电转换装置进行了设计研究,结果表明 35 kW 系统的体积仅为 0.7 m^3,燃烧加热的装置每千瓦的价格约为 650 美元。

中国科学院电工研究所和上海硅酸盐研究所是国内从事碱金属热电转换器研究的主要单位,上海硅酸盐研究所主要从事 $\beta'' - Al_2O_3$ 管材的研制,用于钠 - 硫电池的管材已达到国际先进水平。中国科学院电工研究所则进行发电装置关键技术的研究和发电系统的设计研究,已经建立了热电直接发电器件实验室和必要的工艺设备,单管实验装置已经达到重复运行多次、累计发电 2 h、峰值输出 885W、功率密度 0.9 Wcm^{-2} 的水平。

应用于斯特林循环的抛物面碟形集能器在美国已发展多年,在降低价格、改进镜面材料和工艺等方面作了大量工作。聚焦碟的效率与聚焦比以及上限工作温度有关,对于碱金属热电转换器,其工作温度在 700 ~ 800℃,聚焦比可以在 150 上下,效率可达到 85% ~ 90%。聚焦碟支架的设计需要兼顾跟踪的要求、当地的风速和系统的振动。碱金属热电转换器无运动部件,振动的约束大为缓和。

20 世纪 80 年代,湘潭电机厂曾与美国合作建立了张口直径 7.5 m 的聚焦碟,铝质结构,表面镀铝反光膜。近年来,随着卫星通讯及卫星电视产业的发展,抛物面天线的制作技术发展很快,比如深圳华达玻璃钢公司引进美国的技术,制造的碟型天线,形状精度完全能满足太阳能发电的要求。中科院电工所则利用玻璃钢质抛物面聚焦碟表面粘贴镀铝反光膜,当张口直径为 1.8 m、焦径比 0.39 时,焦斑直径约 40 mm,斑点温度达 1 300℃,为进一步研制轻质、廉价的聚焦碟作了有效的探索。

钠硫电池、全钒液流电池、超级电容器、锂离子电池,这类新型电力储能装置在太阳能发电系统中的应用正受到极大的关注,是储能研究的重要方向。另外,还可考虑用燃料油作为夜间或阴雨天无日照时的热源,用燃烧热维持发电系统工作,这将有利于降低系统的成本。

3.2 太阳能电池

太阳能电池是把光能直接转换为电能的一种器件,其原理是基于太阳光的光量子与材料相互作用而产生电势。工作过程包括太阳光量子被吸收并激发出电子 – 空穴对;电子 – 空穴对在静电场作用下被分离到半导体的不同部位,绝大部分太阳能电池是利用半导体势垒区的内建静电场分离电子 – 空穴对的;被分离的电子和空穴由电极收集并输出形成电流。太阳能电池工作原理如图 3.5 所示。

常见太阳能电池的半导体材料的性能见表 3.2,通过材料掺杂、缺陷以及制备工艺的改进,可以提高光电转换效率。

表 3.2 太阳能电池的半导体材料性能

材料	带隙 /eV	禁带性质	迁移率 /cm²		晶系	应用实况
			电子	空穴		
晶体硅	1.12	间接	1 500	450	立方	制作的电池占市场份额的70% ~ 80%
非晶硅	1.5 ~ 2.0		1	0.1	立方	制作的电池占市场份额的10% ~ 20%
Ge	0.66	间接	3 900	1 900	立方	用作空间太阳能电池的衬底
GaAs	1.424	直接	8 500	400	立方	已开始用于空间太阳能电池
InP	1.35	直接	4 600	150	立方	耐辐照性能好,处于研究开发阶段
CdS	2.42	直接	340	—	立方	构成薄膜电池的一极
CdTe	1.44	直接	700	65	立方	独自制作薄膜电池或与 CdS 结合构成的太阳能电池,已商业化
CuInSe₂	1.04	直接	300	20	立方	与 CdS 构成的太阳能电池正进入商业化

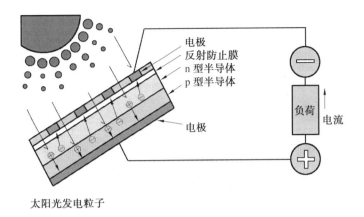

太阳光发电粒子

图 3.5　太阳能电池工作原理

3.2.1　太阳能电池的分类

按照化学组成及产生电能的方式,太阳能电池分为无机太阳能电池、有机太阳能电池和光化学太阳能电池等。无机太阳能电池包括硅太阳能电池、化合物太阳能电池及级联电池等。硅太阳能电池包括晶体硅太阳能电池和非晶硅太阳能电池等;化合物太阳能电池包括 II－VI 族化合物太阳能电池、III－V 族化合物太阳能电池等。

按照应用太阳能电池分为空间用太阳能电池、地面电源用太阳能电池及消费电子产品用太阳能电池。不同的用途对太阳能电池的要求侧重点不同,空间用太阳能电池要求耐辐射、转换效率高、单位电能所需的重量小,如图 3.6 所示;地面用太阳能电池要求转换效率高、发电成本低;消费电子产品用太阳能电池要求可靠性高、体积小。

太阳能电池与建筑物相结合可以解决太阳能电池的占地问题,减少施工架设费用,便于维护,并且可大大降低建筑能耗和改善居住环境,是太阳能电池今后的一个发展方向。

图 3.6 空间飞行器太阳能电池板

3.2.2 晶体硅太阳能电池

晶体硅太阳能电池包括单晶硅太阳能电池、多晶硅太阳能电池、带状硅太阳能电池及多晶硅薄膜太阳能电池，具有性能稳定、资源丰富、无毒性等优点，是目前市场上的主导产品。

晶体硅太阳能电池是以硅半导体材料制成大面积的 pn 结，一般采用 n^+/p 同质结结构，即在 p 型硅片上制作一层很薄的经过重掺杂的 n 型层，然后在 n 型层制作属栅线作为正面接触电极，在整个背面也制作金属膜作为背面接触电极，其结构如图 3.7 所示。为了减少光的反射损失，一般在整个表面再制备一层减反射膜。

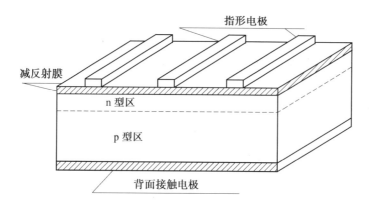

图 3.7 晶体硅太阳能电池结构示意图

影响多晶硅太阳能电池的主要因素是晶粒尺寸、形态、晶界及基体中的有害杂质的含量及分布方式。电池的转换效率随着硅晶粒尺寸减小而下降,当晶粒直径为 1 mm 时,转换效率为 10%;当晶粒尺寸为 8 μm 时转换效率降到 0.5%。因此多晶硅应具有较大的晶粒尺寸,并且要求晶粒具有良好的形态并定向排列,尽量降低杂质和缺陷的含量。

3.2.3 非晶硅太阳能电池

非晶硅是一种长程无序而短程有序的共价无规则网络结构,其中包含大量的悬挂键、断键及空位等缺陷。非晶硅的带隙为 1.5 ~ 2.0 eV,比晶体硅大,这使得非晶硅太阳能电池的光谱响应峰值与太阳光谱峰值的匹配比晶体硅更好,且电池的开路电压大。

长程无序使电子在跃迁过程中不再受准动量守恒定则限制,因而可以有效地吸收光子,在可见光波长范围内,其吸收系数比晶体硅高一个数量级,因此较薄(1 μm)的非晶硅薄膜太阳能电池可以吸收大部分可见光。

非晶硅太阳能电池是以玻璃、金属及塑料为衬底的薄膜太阳能电池,也称硅基薄膜太阳能电池。它采用低温沉积技术(200℃左右),材料与器件同时制备,便于大面积连续生产,因而受到高度重视并获得迅速推广。目前非晶硅太阳能电池的效率已经达到 13% 左右。该电池主要的缺点是电池效率的光致衰退效应(衰退率达到 30% 以上),如何制备高稳定性的本征硅基薄膜材料成为研究的重点。

3.2.4 化合物太阳能电池

化合物半导体太阳能电池所用材料包括 II - VI 族化合物和 III - V 族化合物。

II - VI 族化合物主要包括 CdTe、CdS 和 CuInSe$_2$ 等,制成的薄膜太阳能电池的转换效率高、成本低、没有衰减问题,且易于大规模生产,是非晶硅薄膜电池的一种较好的替代品。但是这种电池的原材料之一镉对环境有较强的污染,与发展太阳能电池的初衷相背离,而且硒、铟、碲等都是较稀有的金属,这些都制约了这种电池的大规模生产。

III - V 族化合物主要包括 GaAs 和 InP 等,可以制备成薄膜太阳能电池,转换效率高、抗辐照性能好,是比较理想的空间太阳能电池。GaAs 是直接禁带半导体,带隙为 1.42 eV,接近于太阳能电池所需要的最佳带隙,因而 GaAs 太阳能电池具有高的转换效率,单结 GaAs 太阳能电池的转换效率可以达到 26.2%。GaAs 对波长小于吸收边的光子的吸收系数很大,在光子能量超过带隙后急剧增加到 10^5 cm^{-1} 以上,只需要 3 μm 就可以吸收光子能量的 95% 以上,而硅则需要数十微米才能充分吸收太阳光。

太阳能电池的转换效率随着温度上升而下降,与其他种类的太阳能电池相比,GaAs 太阳能电池转换效率随温度变化的速率低,因而可以在较宽的温度范围内具有高的转换效率。

GaAs 电池经过 1 MeV 电子辐照后,电池的转换效率保持原效率的 75% 以上,而高效空间硅太阳能电池经过同样的辐照后仅能保持原值的 66%。

3.2.5 染料敏化太阳能电池

早在 1873 年,德国光电学家发现用染料处理卤化银可以扩展卤化银对可见光的反应能力,甚至可以扩展到红外光区,这一发现成为彩色胶片的重要理论基础。1887 年,Moser 用涂有赤藓红的卤化银做电极,进一步证实了光电现象。20 世纪 60 年代,德国科学家发现染料吸附在半导体上,在一定条件下能产生电流,并对这一机理进行了详细研究,这一发现成为光电化学电池的重要基础。

Gratzel 受到绿色植物光合作用的启发,在 20 世纪 90 年代研制出了一种纳米晶染料增感太阳能电池(染料敏化太阳能电池 DSSC),这种电池可以认为是具有绿色植物光合作用的"人造树叶",有人也将其称为分子电子器件。它在太阳光下的光电转换效率达到 7.1%,加之制作成本仅为硅太阳能电池的 1/5 ~ 1/10,寿命达 15 年以上,因而引起了众多研究者的兴趣。

图 3.8 为 TiO$_2$ 染料敏化太阳能电池的基本工作原理:

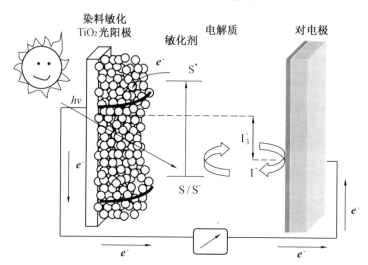

图 3.8　TiO$_2$ 染料敏化太阳能电池基本工作原理

(1)染料分子受太阳光照射后由基态跃迁至激发态;

(2)处于激发态的染料分子将电子注入到 TiO$_2$ 半导体的导带中;

(3)电子扩散至与 TiO$_2$ 接触的导电基底,后流入外电路中;

(4)处于氧化态的染料被还原态的电解质还原再生;

(5)氧化态的电解质在对电极接受电子后被还原,从而完成一个循环。

TiO$_2$ 染料敏化太阳能电池反应式

$$TiO_2 \mid S + h\nu \longrightarrow TiO_2 \mid S^* \tag{3.1}$$

$$TiO_2 \mid S^* \longrightarrow TiO_2 \mid S^+ + e_{cb} \tag{3.2}$$

$$TiO_2 \mid S^+ + e_{cb} \longrightarrow TiO_2 \mid S \tag{3.3}$$

$$TiO_2 \mid S^+ + 3/2I^- \longrightarrow TiO_2 \mid S + 1/2I_3^- \tag{3.4}$$

$$1/2I_3^- + e_{(Pt)} \longrightarrow 3/2I^- \tag{3.5}$$

$$I_3^- + 2e_{cb} \longrightarrow 3I^- \tag{3.6}$$

典型的染料敏化太阳能电池材料为：

（1）带有 ITO 导电膜的玻璃、黏附在导电玻璃表面的 TiO$_2$ 纳米粉或者阵列,共同构成 TiO$_2$ 光阳极。

（2）染料敏化剂,由于 TiO$_2$ 的带隙为 3.2 eV,可见光不能将它激发。若在 TiO$_2$ 表面吸附特性良好的染料光敏化剂,则染料分子在可见光的作用下通过吸收光能而跃迁到激发态,由于激发态不稳定,通过染料分子与 TiO$_2$ 表面的相互作用,电子很快跃迁到较低能级的 TiO$_2$ 导带,进入导带的电子最终将进入导电膜,最后通过外电路产生光电流。

TiO$_2$ 膜的比表面积越大,吸附的染料分子越多,光吸收效率就越高,所以 TiO$_2$ 膜被制成海绵状的纳米多孔膜。

（3）具有氧化还原反应的电解质,通常由 I$^-$ 和 I$_3^-$ 化合物如 LiI、KI 等低挥发性盐组成。

（4）提供电子的阴极。

3.3   纳米晶 TiO$_2$ 膜

TiO$_2$ 在常温常压下有三种晶型:金红石、锐钛矿和板钛矿,其中金红石最稳定,锐钛矿和板钛矿分别在 1 000℃ 和 750℃ 转化成金红石。从紫外激活效应角度看,锐钛矿结构性能最好,因此,染料敏化电池采用锐钛矿结构的 TiO$_2$。

纳米晶 TiO$_2$ 膜研究表明,半导体电极在吸附单分子层染料后具有最佳的电子转移效果。但是由于平板半导体电极的表面积很小,其表面吸附的单分子层染料对光的吸收较少,因此其效率基本在 0.1% 以下。虽然在平板电极上进行多层吸附可以增大光的吸收效率,但在外层染料的电子转移过程中,内层染料起到了阻碍作用,降低了光电转化量子效率。在引入纳米晶半导体电极之前,人们无法同时提高染料的光吸收率和光电量子效率。1985 年 Grätzel 等首次引入高表面积纳米晶 TiO$_2$ 电极,推动了该领域研究的发展。纳米晶膜的多孔性使得它总表面积远大于其几何面积。例如 10 μm 厚、粒度 15 ~ 20 nm 的 TiO$_2$ 膜的表面积可以增大 2 000 倍。如果在其表面吸附单分子层光敏染料,由于纳米晶具有非常大的比表面积,可以使电极在最大波长附近光的吸收达到 100%。所以,染料敏化纳米晶半导体电极既可以吸附大量的染料,有效地吸收太阳光,同时又保证高的光电量子效率。

TiO$_2$ 纳米晶电极微结构对光电性质的影响很大。首先,太阳能电池所产生的电流与 TiO$_2$ 电极所吸附的染料分子数直接有关。电极的表面积越大,吸附的染料分子越多,产生的光生电流也就越强。另一方面,TiO$_2$ 粒径越小,它的比表面积越大,此时电极的孔径将随之变小。在低光强照射下,传质动力学速度能够满足染料的再生,在此条件下孔径大小对光电性质影响不大；而在强光照射下，传质动力学速度一般不再能够满足染料的再生，此时孔径大小对光电性质的影响较大。造成这些结果的主要原因是：

小孔吸附染料后，剩余的空间很小，电解质在其中扩散的速度将大大降低，电流产生效率也将下降。因此，如何选择合适大小的半导体粒度对电极的光电性质影响很大。制约染料敏化太阳能电池光电转化效率的一个因素就是光电压过低。这主要是由电极表面存在的电荷复合造成的。因为纳米晶半导体中缺少空间电荷层，同时存在大量的表面态，导带中的电子很容易被表面态陷阱俘获，大大增加了与氧化态电解质复合的几率。如何降低电荷复合就成为改善光电转换效率的关键。目前研究用某些有机物质对电极表面修饰后，光电压明显提高。但是有机物在使用中存在着稳定性的问题。用酸处理电极表面、将金属离子加入 TiO_2 胶体溶液中进行掺杂，以及用金属离子对 TiO_2 电极进行表面修饰或掺杂，可以大大改善太阳能电池的光电转换效率。

纳米 TiO_2 多孔膜的制备方法有蒸发冷凝法、物理粉碎法、机械合金法、气相沉积法、沉淀法、水热合成法、溶胶 – 凝胶法（胶体化学法、金属醇盐水解法）、溶剂蒸发法、微乳液法等。以上方法各有优缺点，目前使用较多的是溶胶 – 凝胶法。

除染料敏化外，提高光电效率另一拓宽响应光谱范围的途径是，沉积一种小带隙的半导体纳米微粒（量子点），比如将 CdS、$CdSe$、PbS、FeS_2 量子点沉积于宽带隙半导体纳米晶电极上。制备这种复合电极的方法有两种：一种是形成层状结构，另一种是将窄带隙纳米微粒沉积在宽带隙纳米微粒表面或直接生长于宽带隙多孔纳米微粒的孔隙中，也有将两种纳米微粒混合溶胶直接制备的报道。

CdS – TiO_2 复合纳米晶电极具有两个明显的优点：第一，由于 CdS 带隙较窄能够吸收可见光，从而将 TiO_2 纳米晶电极的光响应从紫外区扩展到可见光区，提高了太阳光谱的利用效率；第二，由于 CdS 导带位置高于 TiO_2 的导带位置，CdS 产生的光生电子很快即传递到 TiO_2 的导带上，降低了 CdS 上电子 – 空穴对复合的几率，增加了向电极传递的光生电子的密度，从而使光电流响应增强。另外，CdS 及 TiO_2 之间形成的能量垒能阻止 TiO_2 激发的光生电子向电解质溶液中传递，减少了电极／溶液界面上的法拉第电流，提高了阳极光电流的响应。所以和单一半导体电极相比，这种结构提高了阳极光电流响应的稳定性和对太阳能的利用效率。

为了提高光的利用率，在纳米晶中加入少量片状的 ZnO 颗粒，可以增加光在电极中的折射路径，提高光电转化效率。

在染料敏化纳米太阳能电池中可以用的纳米半导体材料是多种多样的，除 TiO_2 外，其他半导体材料如 Nb_2O_5、In_2O_3、金属硫化物、金属硒化物、钙钛矿以及钛、锡、锌、钨、锆、铬、锶、铁、铈等氧化物也有研究使用的。在这些半导体材料中，TiO_2 的性能较好，与其他材料相比具有以下优点：

（1）性能稳定；

（2）价格便宜，制备简单，并且无毒。

3.4　染料敏化剂

染料光敏化剂是影响电池效率至关重要的一部分,它必须具备以下几个基本条件:

(1) 能吸收很宽的可见光谱;

(2) 具有长期的稳定性;

(3) 激发态反应活性高,激发态寿命长,光致发光性好。

染料敏化半导体一般涉及三个基本过程:

(1) 染料吸附到半导体表面;

(2) 吸附态染料分子吸收光子被激发;

(3) 激发态染料分子将电子注入到半导体的导带上。

因此,要获得有效的敏化必须满足两个条件:染料容易吸附在半导体表面上及染料激发态与半导体的导带电位相匹配。

迄今为止,人们合成了 900 多种染料并应用于染料敏化太阳能电池,但只有一小部分具有良好的光电敏化性能,其中主要是羧酸多吡啶钌,属于金属有机染料,它具有特殊的化学稳定性、突出的氧化还原性质和良好的激发态反应活性。另外,它的激发态寿命长,发光性能好,对能量传输和电子传输都具有很强的光敏化作用。染料中的羧基可以非常牢固地吸附在 TiO_2 表面。敏化剂与半导体表面的化学键合不仅可以使敏化剂牢固地吸附到表面上,而且还可以增强电子耦合及改变表面态能量,有利于电荷的转移。它的缺点是在 pH > 5 的水溶液中容易脱附。

其他的染料类型有磷酸多吡啶钌、多核联吡啶钌、纯有机染料等。磷酸基团的附着能力比羧基更强,暴露在水中(pH = 0 ~ 9)也不会脱附,它的缺点是激发态的寿命较短。联吡啶钌配合物的一个极为重要的性质是可以通过选择具有不同接受电子和给出电子能力的配体来逐渐改变基态和激发态的性质。因此可以通过桥键将不同的联吡啶配合物连接起来,形成多核配体,使得吸收光谱与太阳光谱更好的匹配,从而增加吸光效率;纯有机染料不含金属离子,包括聚甲川染料、氧杂蒽类染料以及一些天然染料,如花青素、紫檀色素、类胡萝卜素等。纯有机染料的吸光系数高,成本低,电池循环易于操作。使用纯有机染料还可以节约稀有金属,但纯有机染料敏化太阳能电池的光电转换效率比较低。

目前,染料敏化半导体的研究主要集中在以下几个方面:

(1) 染料分子的光电化学反应的机理;

(2) 研究和改善染料分子结构,提高电荷分离效率,使染料敏化作用向可见光方向延伸;

(3) 染料敏化半导体的机制。

3.5　电解质

染料敏化太阳能电池的电解质主要是液态电解质,它是一种空穴传输材料。液体电解质的选材范围广,电极电势易于调节。但是液态电解质存在以下缺点:

(1)液态电解质的存在易导致敏化染料的脱附;

(2)溶剂与染料作用导致染料降解;

(3)密封工艺复杂,密封剂也有可能与电解质反应;

(4)由扩散控制的载流子迁移速率很慢,在高强度光照时光电流变得不稳定;

(5)离子迁移的不可逆性也不能完全排除,因为除了氧化还原循环之外的其他反应不可能完全避免。

固态空穴传输材料 p 型半导体材料一般应符合以下条件:

(1)p 型半导体在可见光区内必须是透明的。

(2)沉积 p 型半导体的方法不能使吸附在二氧化钛纳米晶体上的染料溶解或降解。另外,染料激发态能级在二氧化钛导带之上,而基态能级在 p 型半导体价带之下。

SiC、GaN 虽符合大部分条件,但高温蒸镀的方法会使敏化染料分解,因而不能采用。1995 年,Tennakone 等人以 CuI 为空穴传输材料制备了全固态电池,在阳光照射下得到了 $15 \sim 20 \text{ mA/cm}^2$ 的电流密度。1998 年,Grätzel 等人用 2,2′,7,7′ – 4(N,N – 二(4 对甲氧基苯基)氨基) – 9,9′ – 螺环二芴作为空穴传输材料,得到了效率高达 33% 的电池,引起了人们对固态空穴传输材料的极大兴趣。许多在有机电致发光中用到的空穴传输材料,如芳香族苯胺化合物也可以用于太阳能电池中,其他的类化合物、氮硅烷类化合物和众多的杂环衍生物也都可以用作空穴传输材料。还有一类聚合物空穴传输材料,如聚乙烯咔唑、聚硅烷、聚丙烯酸酯等也有应用于固态太阳能电池研制中的可能。

关于对电极,早期电极使用 Pt 材料,但由于价格贵目前一般使用炭素材料,如炭黑、碳纳米材料等。

关于柔性染料敏化太阳能电池,将传统的染料敏化电池阳极或把对电极换成柔性透光、导电材料,如聚合物透明导电材料,也可以用金属丝网制备对电极,这样可以制备出柔性的可弯曲或折叠的染料敏化太阳能电池,如图 3.9 所示。

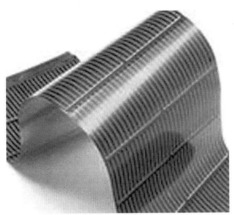

图 3.9 柔性染料敏化太阳能电池

参考文献

[1] 岑幻霞. 太阳能热利用[M]. 北京:清华大学出版社,1997.

[2] 方荣生. 太阳能应用技术[M]. 北京:中国农业机械出版社,1985.

[3] 殷志强. 全玻璃真空太阳集热管[M]. 北京:科学出版社,1998.

[4] 葛新石. 太阳能利用中的选择性吸收涂层[M]. 北京:科学出版社,1980.

[5] LI LING-CHUAN. AC anodization of aluminum,electrodeposition of nickel and optical property examination[J]. Journal of Solar Energy Materials and Solar Cells, 2000,64:279-289.

[6] 雷永泉. 新能源材料[M]. 天津:天津大学出版社,2000.

[7] 刘恩科. 光电池及其应用[M]. 北京:科学出版社,1991.

[8] MARTINA G. 太阳电池工作原理、工艺和系统的应用[M]. 李秀文,译. 北京:电子工业出版社,1987.

[9] HU C. 太阳电池[M]. 李采华,译. 北京:北京大学出版社,1990.

[10] FOURMOND E,BILYALOV R,KERSCHAVER E V,et al. Comparison between SiNx:Hand hydrogen passivation of electromagnetically casted multicrystalline silicon material[J]. Solar Energy Materials and Solar Cell,2002,72:353-359.

[11] BIGNOZZI C A,ARGAZZI R,SCANDOLA F,et al. Photo sensitization of wide bandgap semiconductors with antenna molecules[J]. Sol Energy Mater Sol Cells, 1995,38:187-198.

[12] VINCENZO B,SEBASTIANO C. Harvesting Sunlight by Artificial Supra-molecular Antenna[J]. Solar Energy Mater. Solar Cells,1995,38:159-173.

[13] GRATZEL M. Recent advances in sensitized mesoscopic solar cells[J]. Accounts Chem Re,2009,42:1788-1798.

[14] CAMPBELL W M,JOLLEY K W,WAGNER P,et al. Highly effieient porphyrin sensitizers for dye-sensitized solar cells[J]. J. Phys. Chem. C,2007,111:11761-11762.

第4章　海洋能

人类生活的地球表面,陆地表面积占 29%,海洋面积占 71%。整个海水的容积高达 $150 \times 10^8 km^3$。一望无际的汪洋大海不仅为人类提供航运、水产和丰富的矿藏,而且还蕴藏着巨大的能量 —— 海洋能。

海洋能指海洋中所蕴藏的可再生的自然能源,主要为潮汐能、波浪能、潮流能、海水温差能和海水盐差能。更广义的海洋能源还包括海洋上空的风能、海洋表面的太阳能、海底石油和天然气资源、海水中氢、铀等资源以及海洋生物质能等。潮汐能和潮流能来源于太阳和月亮对地球的引力变化,其他海洋能基本上源于太阳辐射。海洋能源按储存形式又可分为机械能、热能和化学能。其中潮汐能、潮流能和波浪能为机械能,海水温差能为热能,海水盐差能为化学能。

根据联合国教科文组织 1981 年的估计数字,五种海洋能理论上可再生的总量为 $766 \times 10^8 kW$。其中温差能为 $400 \times 10^8 kW$,盐差能为 $300 \times 10^8 kW$,潮汐和波浪能各为 $30 \times 10^8 kW$,海流能为 $6 \times 10^8 kW$。

海洋能的强度比常规能源低,海水温差小,海面与 500 ~ 1 000 m 深层水之间的较大温差仅为 20 ℃左右;潮汐、波浪水位差小,较大潮差仅 7 ~ 10 m,较大波高仅 3 m;潮流、海流速度小,较大流速仅 4 ~ 7 节。即使这样,在可再生能源中海洋能仍具有可观的能流密度,以波浪能为例,每米海岸线平均波功率在最丰富的海域是 50 kW,一般的有 5 ~ 6 kW;后者相当于太阳能流密度 1 kW/m^2。又如潮流能,最高流速 3 m/s 的浙江舟山群岛潮流,在一个潮流周期的平均潮流功率达 4.5 kW/m^2。

海洋能的平均能流密度小,需要庞大的能源转换设备,以克服海洋环境条件的影响,所以技术难度大、材料要求高。因此海洋能源开发利用投资大、经济性差,尚未形成规模产业。但是,随着科学技术的发展和能源结构的变化,海洋能发电将逐步实现商业化。

4.1　世界海洋能发展现状

近 20 多年来,受化石燃料能源危机和环境变化压力的驱动,可再生的、清洁能源之一的海洋能作为一项主要的事业取得了很大的发展。

英国从 1970 年以来,制定了强调能源多元化的能源政策,鼓励发展包括海洋能在内的多种可再生能源,把波浪发电研究放在新能源开发的首位。英国在苏格兰西海岸兴建一座装机容量 $2 \times 10^4 kW$ 的固定式波力电站。在潮汐能开发利用方面,英国进行了大规模的可行性研究和前期开发研究,1997 年在塞汝河口建造一座装机容量为 8.64 MW,年发电量约为 $170 \times 10^8 kW$ 时的潮汐电站。

美国把促进可再生能源的发展作为国家能源政策的基石,十分重视海洋发电技术的研究。1979 年在夏威夷岛西部沿岸海域建成了一座小型温差发电装置,额定功率

50 kW,净电力 18.5 kW,这是世界上首次从海洋温差能获得具有实用意义的电力。

日本在海洋能开发利用方面十分活跃,成立了海洋能转移委员会,仅从事波浪能技术研究的科技单位就有日本海洋科学技术中心等 10 多个,还成立了海洋温差发电研究所。

法国早在 60 年代就投入巨资建造了至今仍是世界上容量最大的朗斯潮汐电站,如图 4.1,装机容量 $24 \times 10^4 kW$,年发电量 $5 \times 10^8 kWh$。

图 4.1　朗斯潮汐发电站

印度于 1994 年投资 5 亿美元在泰米尔纳德邦近海建立一座 $10 \times 10^4 kW$ 的海洋温差发电装置。

印尼在挪威的帮助下,从 1988 年开始在巴厘岛建造一座 1 500 kW 的波力电站,并计划建造数百座波力电站,实现并网发电。

4.2　中国海洋能发展

我国大陆海岸线长达 18 000 多公里,有大小岛屿 6 960 多个,海岛总面积约 6 700 km^2。我国海洋能开发已有 40 年的历史,迄今已建成潮汐电站 8 座。20 世纪 80 年代以来,浙江、福建等地已建设若干个大中型潮汐电站。

我国波力发电技术研究始于 20 世纪 70 年代,80 年代以来获得较快发展,航标灯浮用微型潮汐发电装置已趋商品化,现已生产数百台,在沿海海域航标和大型灯船上推广应用。与日本合作研制的后弯管型浮标发电装置,已向国外出口,该技术属国际领先水平。在珠江口大万山岛上研建的岸边固定式波力电站,第一台装机容量 3 kW 的发电装置已于 1990 年试发电成功。已试建成功装机容量 20 kW 的岸式波力试验电站和 8 kW 摆式波力试验电站。

4.3　海水温差能发电

随着深度增加,海水吸收太阳辐射减弱,海水的温度也随着海水深度的增加而降低。通常情况下海洋表层的海水与 800 m 深处的海水温度差可达 20℃ 以上。这种海洋表层水温与深层水温的明显差异蕴含着巨大的热力位能,称为海水温差能或称海洋热能。

利用海水温差发电的概念最早于 1881 年由法国物理学家雅克登科登·阿松瓦尔提出,由于技术条件的限制,1926 年才由另一位法国人克劳德进行了小型实验,1930 年又采用开式循环在古巴海边建成一套 22 kW 的实验装置。1977 年,美国修建了世界上第一个闭式循环的小型海洋热能转换机组,简称 OTEC,该装置是当今开发利用海水温差发电技术的典型代表。

海水温差发电的基本原理就是借助一种工质,使表层海水中的热能向深层冷水中转移,从而做功发电。理论上,冷热水的温差在 18℃ 左右即可发电,而实际应用中一般都需在 20℃ 以上。根据所用工质及流程的不同,海水温差能发电一般可分为开式循环、闭式循环和混合式循环。

1. 开式循环发电系统

图 4.2 为开式循环发电系统,温水泵将表层海水抽入真空状态的干燥蒸发器中,由于压力低,温海水在干燥蒸发器内迅速沸腾蒸发,转变为蒸汽,蒸汽由喷嘴喷出推动汽轮机运转,带动发电机发电。从汽轮机排出的尾汽进入冷凝器,重新凝结为水,并排入海中;排出的冷凝水也可以作为淡水收集,实现海水淡化。

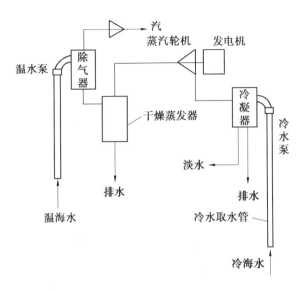

图 4.2   开式循环系统

2. 闭式循环发电系统

开式循环采用温海水,蒸汽压力小发电效率低。在此基础上,采用低沸点的物质(如丙烷、异丁烷、氟利昂、氨等)作为工质,在闭合回路中反复进行蒸发、膨胀、冷凝,提高了涡轮机进汽和排汽之间的压力差,可大幅度地提高涡轮机的工作效率。

图 4.3 为闭式循环发电系统。系统工作时,温水泵把表层温海水送往蒸发器,通过蒸发器内的传热管把热量传递给氨水;温海水的温度下降,液态氨因受热变成高压低温的蒸汽,驱动涡轮机带动发电机发电;涡轮机排出的氨气进入冷凝器,在冷凝器被深层海水冷却为液态氨;再用泵把冷凝器中液态氨注入蒸发器中,使工作介质循环使用,这样构成了一个完整的闭路循环系统。

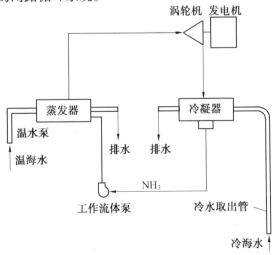

图 4.3   闭式循环系统

1979 年 8 月 2 日,美国根据上述原理建造的一座海洋温差电站在夏威夷海面上发电,这座电站安装在一艘改装了的海军驳船上,发电能力为 50 kW。

3. 混合循环发电系统

混合循环发电系统是把开路循环和闭路循环整合一起的装置,如图 4.4 所示,先把温海水蒸发,用蒸汽加热氨水。同时,蒸发器的高温一侧由液体对流换热变成冷凝放热,这使蒸发器免除海洋生物的附着,并保持良好的传热性能。其优点在于减小了蒸发器的体积,节省材料,便于维护并可收集淡水。

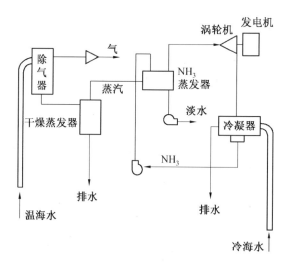

图 4.4　混合循环发电系统

热交换器是海水温差发电系统的关键设备,它对装置的效率、结构和经济性有直接的重要影响。热交换器性能的关键是它的型式和材料。钛的传热及防腐性能良好,但是价格过于昂贵,美国阿贡国家实验室的研究人员发现,在腐蚀性暖海水环境下,改进后的钎焊铝换热器寿命可以达到 30 年以上。

海水温差能发电的一个关键性问题是温差的大小,尽量获取较大的温差有利于发电效率的提高。将太阳能加热与海洋温差能发电装置联合,通过收集太阳能辐射加热表层海水,可以提高温差和发电效率。

为使海洋热能转换(OTEC)技术达到大规模商业化应用的程度,目前各国正致力于下列技术难点的突破:

(1)开发利用氟里昂、丙烷、氨等低沸点工质在冷热源温差较小条件下的发电技术。

(2)海洋生物附着在热交换器表面影响热交换器的性能及其解决途径;热交换器表面容易附着生物使表面换热系数降低。

(3)大量深层海水在海面的释放把维持深海浮游生物生长的营养物质带到海面,对海洋生态系统产生影响。

(4)OTEC 电站的工质泄漏、发电事故等可能造成的海洋污染及对该问题的防治。

（5）对热转换器材料的高强度、耐腐蚀和轻型化的要求及对低沸点工质的改进或替代。

（6）冷水管问题,海洋温差仅20 ℃,所以冷热海水的流量要非常大才能获得所希望的功率。而为了减小海水在管内流动的压头损失,管道直径必须非常大。商业规模电站的冷水管直径在5 m左右。冷水管还必须足够长,以便到达深层。冷水管必须有足够的强度和耐腐蚀,以保证30年使用寿命。冷水管的保温性能也要好,以免冷海水温度升高影响热效率。

4.4 海水温差能的综合利用

美国、日本、英国和法国的科学家积极从事海水温差能综合利用的研究,如美国提出利用16万kW的海水温差能发电船发出的电力电解水得到氢和氧,与船上的煤浆共同做成人造燃料甲醇以代替石油,设计产量每天1 000 t,同时还生产重水、锂、钢等能量密集型产品和化工产品。在夏威夷的太平洋高技术研究国际中心,近年设计了一种多产品海洋热能转换系统。这种系统适用于能源、淡水和食物紧缺的海岛上。采用1 000 kW的海洋热能转换系统,每天可产淡水4 750 m³。另外,美国还投资5 000万美元,利用海水温差能从事龙虾、比目鱼、海胆、海藻的养殖,并采用在地下埋设冷水管制造冷气候环境的方法,建立了冷海水农业企业,在热带地区终年生产草莓和其他谷物。日本提出了建一座10×10^4 kW海水温差能发电站,每年可提供110 t铀的设想。

4.5 海水盐差能发电

盐差能发电的原理是,当把两种浓度不同的盐溶液倒在同一容器中时,浓溶液中的盐类离子就会自发地向稀溶液中扩散,并释放出能量。例如,在17 ℃时,如果有1.0 mol盐类从浓溶液中扩散到稀溶液中去,会释放出5 500 J的能量。

美国康涅狄格大学诺曼博士提出了一种用盐差能发电的方案,如图4.5所示,水压塔是个上端开口、下端封闭的腔室。它的一侧是淡水室,另一侧为海水室,中间隔以特制的半渗透薄膜。由于海水与淡水之间的盐分不同,形成较高的渗透压力,使淡水不断地渗入已经充满海水的水压塔中,当水压塔中的水一直升高到从上四溢出时,就冲动水轮发电机发电。

当两种不同盐度的海水被一层只能通过水分而不能通过盐分的半透膜分割时,两边的海水就会产生一种渗透压,促使水从浓度低的一侧向浓度高的一侧渗透,直至膜两侧的盐度相同。江河入海处的海水渗透压相当于240 m高的水位落差,美国科学家利用渗透压原理,研制出渗透压式盐差能发电系统。这种系统把发电机组安装在海面228 m以下的地方,河流的淡水从管道输送到发电机组。安装在排出口前端的半透膜只能通过淡水,不能通过海水。由于海水的静压力超过渗透压,水反向输送,产生压力

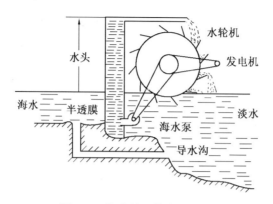

图 4.5　海水盐差能发电装置

驱动发电机组进行发电。由于排出的淡水密度比周围海水小,因而淡水上浮,而在底部保持稳定的盐度差。

在同样温度下,淡水比海水蒸发速度快,因此海水一侧的蒸汽压力低,水蒸气会很快从淡水上方流向海水上方。只要装上汽轮机,就可以带动汽轮机运转进行发电。

科学家最感兴趣的试验地点就是位于以色列和约旦边界的死海,如图 4.6 所示。死海南北长 75 km,东西宽 5 ~ 16 km,面积达 1 000 km²。这里的气温高、蒸发量大,死海海水含盐量高达 25% 以上,比一般海水高出 7 倍以上。死海的四周都被陆地包围着,所以它实际上是世界上最咸的一个大湖。它有个宽大的邻居 —— 地中海。地中海的含盐量要比死海低,更为重要的是它比死海高出 400 m。科学家们设想,把地中海和死海沟通,让地中海水在向死

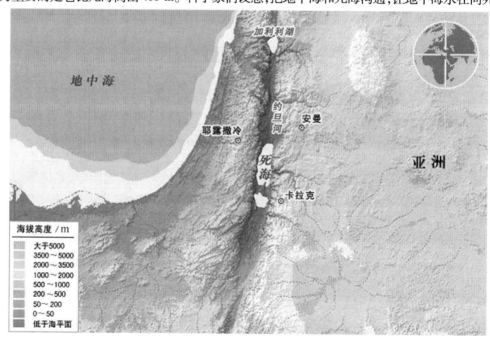

图 4.6　死海地图

海流动的过程中发出电来。沟通地中海和死海间的引水工程及建在死海边的电站工程很早就开始进行,一旦实验成功投入运行,该站将发出 $60 \times 10^4 kW$ 的电力。

4.6   潮汐发电

中国是世界上最早利用潮汐能的国家,早在唐代我国沿海地区就出现了利用潮汐能推磨的小作坊。20 世纪后,潮汐能的开发进入了实际应用阶段,1912 年在德国的胡苏姆兴建的一座小型潮汐电站是世界上对潮汐发电的首次实际应用。1966 年,世界上第一座具有经济价值且规模最大的潮汐能电厂 —— 郎斯电厂在法国布列塔尼的朗斯河口建成,其装机容量达 $24 \times 10^4 kW$,采用的是可逆式水轮机,无论涨潮退潮都能做功,年发电量 $5\,144 \times 10^8 kWh$。

潮汐发电与水力发电的原理相似,就是利用潮水涨落的水位差发电,即把海水涨落潮的能量变为机械能、机械能转变为电能的过程。运用低水头大流量的水轮机,只要有1 m 的潮差以及可供筑坝建库的地形就可实现潮差发电。图 4.7 为潮汐发电示意图,其原理是在陆地和海湾之间建一个水坝,水坝下面有通道,水经过通道带动发电机发电。

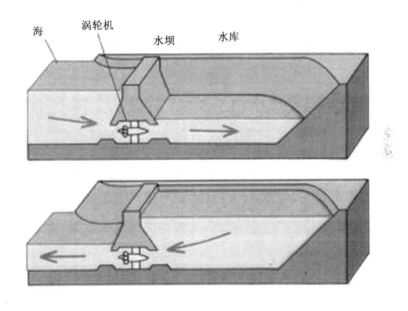

图 4.7   潮汐发电示意图

开发潮汐电站依技术、设备、地形的不同可采取不同的模式。

1. 单库单向型潮汐电站

这种电站只建一个水库,涨潮时引水,落潮时发电,水轮机组只要满足单方向通水发电的要求即可。优点是建筑物和发电设备的结构比较简单,投资较省,不足之处是发电时间短。

2. 单库双向型潮汐电站

这种电站的优点是涨落潮都能发电,是目前潮汐发电的主要形式。实现单库双向发电的方法有两种:第一种是采用普通的单向旋转水轮机发电,设有两条引水管道,由两个闸门控制。涨潮时,海水从一条引水管道进入水轮机转轮室,使水轮机旋转;落潮时,水从另一条引水管道引入,使水轮机向同一方向旋转,这种方法使水工建筑变得复杂。第二种方法是采用双向水轮机,这种水轮机既可以顺转、倒转,再给它配上可以正反转的发电机,就成了可以正反向运行的可逆式水轮发电机组,不论海水是涨潮还是落潮都可以发电。

3. 双库单向型潮汐电站

如图 4.8 所示,双库单向型潮汐电站需要建造两个相邻的水库:一个高水库、一个低水库。低水库的水位则始终低于高库水位,水轮发电机作单向运行。高库上建有进水闸一座,低库上则建有一座泄水闸。涨潮时开启进水闸,电站开始工作,高水库的水位随潮位上升,低水库的水位也因发过电的水进入而上升。当高潮平潮时,关闭进水闸,高库水位则由于继续发电开始下降,低库水位相应上升。当高低水库水位即将相等时,开启低库上的泄水闸,使低库水位下降,由于高低水库又形成了较大落差,创造了发电的条件,电站仍然工作着。待高水库水位下降到与潮位保持一定的落差时,再关闭低库泄水闸,打开高库进水闸。如此周而复始,水库始终保持着一定的落差,电站就可以全天连续发电了。这类电站提高了潮汐能的利用率,但需要建造两个水库,投资较大。

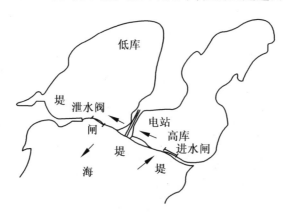

图 4.8　双库单向型潮汐电站

潮汐发电的不足是间歇性,一个月中随潮水的大小发电的能力变化也较大。但如果把潮汐发电站与电力系统中其他电源配合使用,或者与抽水蓄能结合起来,就可以弥补它的不足,如可以把潮汐电能用于农业上间歇性灌溉和加工等方面。

我国自从 1957 年在山东建成第一座潮汐电站至今,已建成近 10 座潮汐发电站。其中,位于浙江南部乐清湾北端江夏港的潮汐电站,是我国第一座单库双向式潮汐电站。港口三面环山,开口宽度 686 m,港湾面积 5.63 km²,最大潮差 8.93 m,平均潮差 5.08 m。江夏潮汐电站始建于 1972 年,装机容量为 3 000 kW,第一台 500 kW 水轮机于

1980 年 5 月运行发电,每天可发电 16 ~ 20 h,每年可提供 1 070 万度的电力。我国另一座较大规模的潮汐发电站是福建平潭的"幸福洋"潮汐发电站,潮差平均为 4.54 m,最大7.16 m,容量 1.28 MW。

电站机组的材料问题主要是提高抗海水腐蚀能力、抗附生物能力,采用特殊的抗腐涂料可以满足要求。

4.7　波浪能发电

波浪能指起伏的波浪所蕴藏的势能和动能,波浪能发电就是把上下运动的波浪能转换为旋转的机械能,再带动发电机发出电能。一般用每米波前(即波浪正面宽度1 m)的功率(kW)来表示波浪能的能级。波浪能的功率主要由波高为 H 和周期 T 决定,对于波高为 H(m),周期为 T(s),宽为 1 m 的波浪来说,其波浪功率密度为

$$P \approx 0.5 \cdot H^2 T(\text{kW/m})$$

一般海面上的波高为 2 ~ 4 m,周期为 9 ~ 10 s,所以波能的功率为 20 ~ 80 kW。

1899 年,法国授权了第一个波浪能转换装置的专利,1910 年法国科学家第一次进行波浪能发电实验。20 世纪 60 年代,日本研制成功为灯塔、航标灯等导航设施供电的小型波浪能发电装置。1985 年,挪威建成一座装机容量 500 kW 的波浪能发电站,这是迄今为止世界上已建成的最大的岸式波浪发电站。

波浪具有力量强、速度慢、周期性变化等特点,波浪能是一种散布在海面上的密度低又不稳定的能源。虽然波浪拥有巨大的力量,但是水质点的运动速度很低,由波浪形成的水头一般只有 2 ~ 3 m,不能直接用来驱动发电机。因此,要利用波浪能,先要对它进行收集,使波浪力发电装置能够充分地吸收分散在海面上大面积的波浪能,并转换成集中的能量,以驱动发动机带动发电机而发电。

波浪能发电装置大致可分为四种:

(1)利用波浪上下运动,直接转换成机械转动。如小型气动式波力发电装置是利用浮标随波浪的升降运动,激励中心管内水柱发生振荡,使中心管上部气室出现吸气、排气过程,将波浪能转换成往复运动的空气能,推动透平发电机组发电。它避免运动部件与海水直接接触,减少腐蚀,机械效率得以提高。

(2)利用波浪上下运动产生气流或水流去驱动涡轮机转动。

(3)利用波浪装置的摆动或转动产生气流或水流驱动涡轮机发电。

(4)把低压大波浪变为小体积高压水,然后引入高位蓄水池产生水头带动涡轮机发电。

中国第一座 3 kW 试验波力电站位于南中国海的珠海市大万山岛,为一座多振荡水柱型的波力电站,建于一块巨大的岩石上。如图 4.9 所示,振荡水柱波力电站的结构包括前港、气室、透平及电机。在入射波的作用下,气室内的水柱受激振荡,推动其上方的空气往复地通过透平,将振荡的水柱能量转换变成透平的机械能量,从而驱动电机发电。

双浮体 - 棘轮式波浪能发电装置采用两个以铰链连接的浮体,如图 4.10 所示。利

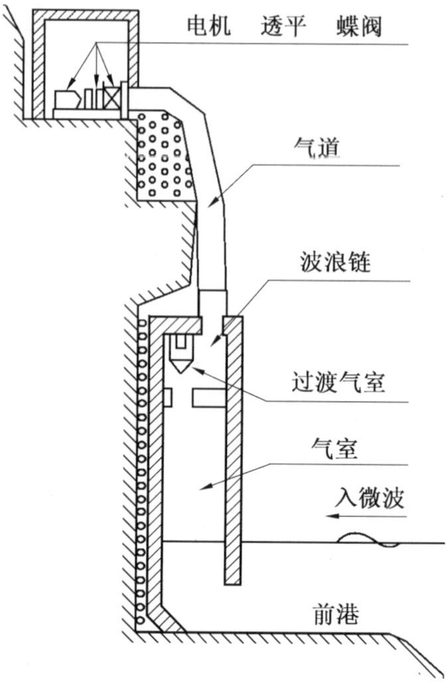

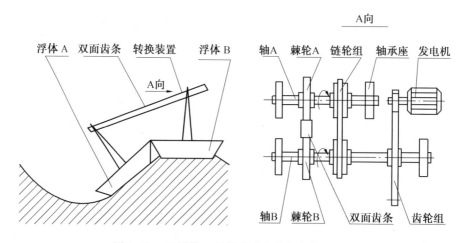

图 4.9   振荡水柱波力电站结构

用波浪的上下波动产生相对倾斜带动双面齿条往复运动,再采用两个反向棘轮和一组链轮,把往复运动转换成为旋转运动,带动发电机。

图 4.10   双浮体 – 棘轮式波浪能发电装置

图 4.11 为一种半漂浮可移动式海水淡化装置,其工作原理是:将吸能效率高的鸭体与可随潮位变化的浮码头相结合,利用鸭体与浮码头在波浪的作用下产生相对运动,通过液压系统产生高压海水。当高压海水通过反渗透器(反渗透膜)时,其中 10% 的海水转换为可直接饮用的淡水。

图 4.11　半漂浮可移动式海水淡化装置

在反渗透器的出口处安装小型水轮发电机组,还可在不减小淡水产量的同时,发出一定的电能。

俄罗斯科学家发明的波能转换器的部件与一般小型水电站的部件相似,既有涡轮机,也有电动机。不过所有这些部件都是小型的,被装置在一个金属软管里。软管内注有变压器油,当波浪冲击时,整个装置会晃动,使管内的油时而流向这边,时而流向那边,推动涡轮机发电。该装置主要用来给灯塔、无线电航标供电。

美国科学家发明一种水压电发电机,它的主要部分是一个系在浮子和锚之间的细长的聚二烯氟化物平板。平板随着波浪的起伏伸展、放松。聚二烯氟化物是一种压电材料,有压力作用时,材料被极化,平板的两侧产生正、负电荷,连接电极后可以输送电流。该装置可以为声纳系统、海上小型测量装置提供电能。

英国海蛇波浪能公司研制的"海蛇"发电装置,如图 4.12 所示,是位于葡萄牙北部海岸的世界上第一台商用规模的浮动式波浪能转换装置,2008 年投入运转。"海蛇"由3 个 150 m 长的钢铰接结构组成,波浪带动铰链弯曲移动,驱动水轮发电机发电,装机容量达到 750 kW。

现在的海洋发电大多依赖不规则变化的表面波,有效能随天气而变化,另外装置于海面的发电装置容易被台风等损坏。因此利用海底的涌浪发电,可能是海洋发电技术今后的新方向。荷兰能源中心开发的阿基米德波动发电机,是将海洋中涌浪的能量转换为电能的简单装置,如图 4.13(a)。涌浪是具有大的固有频率的弹性体,在没有大的能量消耗情况下进行长距离移动,涌浪平均长度 120 m。该装置位于海面下 20 m 深处,由横向并列的几个相互连结的空气室组成。空气室做成蘑菇形可动浮体,各空气室由流通空气的阀连接,底部对海水开放,在空气室和海面之间封入空气,连接阀被固定于海底,空气室的空气量决定浮体的沉浮。涌浪使空气室在垂直方向振动,涌浪通过一个空气室上面时,该空气室上方水压增加,被封入空气室的空气通过阀流入其他空气室。此时海水从下部流入空气室,空气室开始下沉。同时,涌浪谷通过其他的空气室的情况正好相反,空气室上浮。这样,空气室上下往复运动,通过一定装置将上下运动转换为转动,带动发电机发电。

图 4.13(b) 是一种利用海浪发电的新奇设计,按比例缩小的"巨蟒"。"巨蟒"的橡胶材料身体柔软可弯曲,内部装满海水。海浪在"巨蟒"内部产生压力波,压力波不断向前行进最终带动尾部的发电机。

图 4.12 位于葡萄牙北部海岸的"海蛇"发电装置

(a)波动发电机　　　　　　　　　　(b)巨蟒发电装置

图 4.13 波动发电机和"巨蟒"发电装置

4.8 海水提取铀

铀在陆地上的储量并不多,有开采价值的为几百万吨左右。于是"海水提铀"研究在20世纪70年代发展起来,到70年代末已有相当规模。尽管海水中的铀含量(质量浓度)仅为3.2 μg/L,但是,铀的总含量达到40多亿吨。因此,海水可望成为核反应堆的重要铀资源。海水提铀的主要方法有吸附法、生物富集法、起泡分离法,此外还有溶剂萃取法等。海水提铀是一个极其复杂的体系。海水提铀的小规模试验早已成功。例如,日本早于1986年4月建成10 kg级的海水提铀试验场,当年提取铀5.3 kg,1987年为7.5 kg,1988年达到10 kg。

1. 起泡分离法

将气泡送入海水中,利用构成气泡的物质能与海水中的铀发生化学作用,海水中的铀被气泡吸附,气泡容易与海水分开,这种分离方法叫起泡分离法。另外由于需要外加捕集剂和用动力鼓泡,这在工程上难以实现,目前还局限于实验室范围内。

2. 生物富集法

人们发现许多海洋生物有富集某些化学元素的能力,例如牡蛎体内锌的含量比海水大3.3万倍,一些浮游生物富集铀的含量比海水大1万倍,如果把一种经过筛选和专门培养的绿藻放在海水中,在其生长过程中经X光照射,铀就可以不断地被富集于藻体中。该方法的优点是选择性好、获得容易、价格便宜、使用方便、没有废物。德国还在海水里培养了些特殊的吸铀海藻,铀被吸附在海藻上,采用离子交换法再把铀从藻类中分离出来。此外,日本还制造了一种特殊的过滤器,它们可以过滤出海水中所含的极其微少的铀离子。

3. 吸附法

吸附法是选择合适的吸附剂,放到海水中,吸附剂将铀吸附,进而可以提取铀。这种方法吸铀量较高,是比较有前途的一种方法。目前使用的无机吸附剂就有几百种,主要有钛、铝、锌、锰、铁、铅等的氧化物、氢氧化物和碳酸盐。1 g氢氧化钛吸附剂,能吸附1.55 mg铀。人工合成的有机吸附剂有间苯二酚砷酸树脂、砷酸 – 羟基芳香环纤维聚合体等。

近几年纳米技术的发展为吸附提铀提供了技术支持,纳米粉体、阵列以及介孔材料在吸附铀的研究方面取得一些进展。如介孔SiO_2对六价铀离子表现出优异的选择吸附性能。

有机吸附剂吸附能力强,但生产成本高。

4. 萃取法

早期用有机溶剂靠重力分离的溶剂提取法,效率较低,极不经济。

此外还有加金属氢氧化物等使之与铀一起沉淀的共沉法、附着在气泡上的浮选法等。这些方法对于含铀浓度较小的海水收效不大。

小资料

据英《新科学家》周刊2000年2月报道:美国俄勒冈州立大学的克莱尔·赖默斯和哥伦比亚特区华盛顿海洋研究实验室的伦纳德·坦德最近研制出一种特殊的燃料电池。

在海水中或在海底沉积物的上层生活着一些微生物,这些微生物利用氧分解有机物质,吸收其中营养并释放能量;而生活在更下层的沉积物中的微生物则缺乏氧气,它们必须依靠其他化合物(例如硝酸盐和硫酸盐等)来生存。于是,在这两种环境下生存的微生物的不同生化反应就产生了一个电势差,就像蓄电池的正负电极之间有电压存在一样。

赖默斯的科研小组在实验室研制出的这种海底燃料电池的实验原型机,即是将负电极埋在海底沉积物中约 10 cm 深处,而在海水中则放一个正电极,当两个电极相连时,每平方米的电极可产生 0.03 W 的功率,足以为小型发光二极管提供所需电能,并且可以永无止境地提供电能。

参考文献

[1] 钱伯章.水力能与海洋能及地热能技术与应用[M].北京:科学出版社,2010.

[2] 孙晓晶.第二届全国海洋能学术研讨会论文集[C].哈尔滨:哈尔滨工程大学,2009.

[3] 褚同金.海洋能资源开发利用[M].北京:化学工业出版社,2005.

[4] 肖惠民,于波,蔡维由.世界海洋波浪能发电技术的发展现状与前景[J].水电与新能源,2011,1:67-69.

[5] 朱善勤.法国和英国海洋能发展[D].北京:清华大学,2009.

[6] 李允武.海洋能源开发[M].北京:海洋出版社,2008.

[7] FALCAO A F O. Historical aspects of wave energy conversion[J]. Comprehensive Renewable Energy,2012,8:7-9.

[8] FALCAO A F O. Waveenergy utilization:A review of the technologies[J]. Renewable and Sustainable Energy Reviews,2010,14(3):899-918.

[9] IGLESIAS G,CARBALLO R. Wave energy potential along the death coast[J]. Energy,2009,34(11):1963-1975.

第5章 风 能

风是地球上的一种自然现象,是由太阳辐射热引起的。太阳照射到地球表面,地球表面各处由于受热不同产生温差,从而引起大气的对流运动形成风。据估计到达地球的太阳能中只有大约2%转化为风能,但其总量仍是十分可观的。地球上可开发利用的风能比水能总量还要大10倍。

公元前数世纪我国人民就开始利用风力提水、灌溉、磨面、舂米,用风帆推动船舶前进。到了宋代更是我国应用风车的全盛时代,当时流行的垂直轴风车,一直沿用至今。在国外,公元前2世纪古波斯人利用垂直轴风车碾米。10世纪伊斯兰人用风车提水,11世纪风车在中东已获得广泛的应用。13世纪风车传至欧洲,14世纪已成为欧洲不可缺少的原动机。在荷兰,风车先用于莱茵河三角洲湖地和低湿地的汲水,以后又用于榨油和锯木。工业革命出现了蒸汽机,使得欧洲的风车数目急剧下降。自1973年世界石油危机以来,在常规能源告急和全球生态环境恶化的双重压力下,风能作为清洁能源的一部分,人们重新对风能产生了兴趣。

风能作为一种清洁、可再生的新能源有着巨大的发展潜力,特别是对沿海岛屿、交通不便的边远山区、地广人稀的草原牧场,以及远离电网和近期内电网还难以达到的农村、边疆,作为解决生产和生活能源的一种可靠途径,有着十分重要的意义。即使在发达国家,风能作为一种高效清洁的新能源也日益受到重视。美国于1974年就开始实行联邦风能计划,内容主要是:评估国家的风能资源;研究风能开发中的社会和环境问题;改进风力机的性能,降低造价;为农业和其他用户开发小于100 kW的风力机;为电力公司及工业用户设计兆瓦级的风力发电机组。美国已于80年代成功地开发了100、200、2 000、2 500、6 200、7 200 kW的6种风力机组。

图5.1为风力发电机组,截止到2010年底,全球风力发电装机容量已累计达190 GW。以德国为首的欧洲各国及美国的风电事业发展迅速,欧洲风电装机容量占全世界的75%,美国最近几年超过了德国占世界第一位。丹麦总电力需求的10%依靠风能,现正在建设世界上最大的海上风力发电站。在日本,10 kW以下的小型风电设备用于紧急电源,也可与太阳能联合发电,用于住宅及路灯供电。

图5.2为全球风力发电装机容量的增长曲线,由图可见,每年增长速率达到30%。图5.3为2007年和2008年全球前10国家风力发电装机容量。近20年来风力发电装机容量增长迅速,每度电的发电成本由20年前的20美分下降到目前的3美分左右,运行可靠性接近常规的火力发电。

我国风力发电在1993年仅17.1 MW,1997年跃升至166.5 MW,1998年再增至226 MW,2009年风电累积装机容量25 805 MW。从地理位置上看,我国位于亚洲大陆东南、濒临太平洋西岸,季风强盛。全国风力资源的总储量为每年16×10^8 kW,近期可

图 5.1 风力发电机组

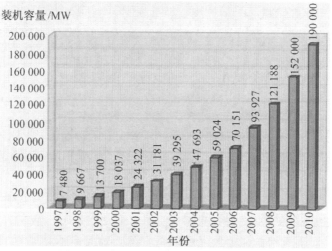

图 5.2 全球风力发电装机容量增长曲线

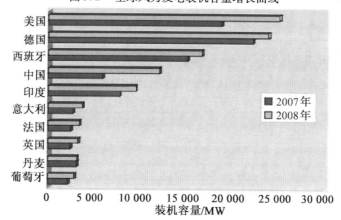

图 5.3 全球前 10 国家风力发电装机容量

开发的约为 $1.6 \times 10^8 \mathrm{kW}$,内蒙古、青海、黑龙江、甘肃等省风能储量居我国前列,年平均风速大于 3 m/s 的天数在 200 天以上。

5.1 风能的特点

风能就是空气流动所产生的动能,风速 9 ~ 10 m/s 的 5 级风作用到物体表面上时,每平方米面积上受力约为 10 kg;风速 20 m/s 的 9 级风作用到物体表面上时,每平方米面积上受力可达 50 kg 左右;台风的风速可达 50 ~ 60 m/s,它对每平方米物体表面上的压力高达 200 kg 以上。

风能与其他能源相比,既有其明显的优点,又有其突出的局限性。风能具有的优点是:蕴量巨大、可以再生、分布广泛、清洁无污染。

风能的不足之处包括:

1. 密度低

这是风能的一个重要缺陷。由于风能来源于空气的流动,而空气的密度很小,因此风力的能量密度也很小,只有水力的 1/800。从表 5.1 可以看出,在各种能源中,风能的含能量是极低的,给其利用带来一定的困难。

表 5.1　几种能源的能流密度

能源类别	风能(风速 3 m/s)	水能(流速 3 m/s)	波浪能(波高 2 m)	潮汐能(潮差 10 m)	太阳能
能流密度 /(kW·m^{-2})	0.02	20	30	100	晴天平均 1.0/ 昼夜平均 0.16

2. 不稳定

由于气流瞬息万变,因此风的脉动、日变化、季变化以至年际的变化都十分明显,波动很大,极不稳定。

3. 地区差异大

由于地形的影响,风力的地区差异非常明显,在相邻的两个区域,有利地形下的风力往往是不利地形下的几倍甚至几十倍。

风能目前主要用于风力提水、风力发电、风帆助航和风力制热等,如图 5.4 所示。其中利用风力发电已越来越成为风能利用的主要形式,受到各国的高度重视,而且发展速度最快。

图5.4 风能应用

5.2 风力发电的价值分析

风能的价值取决于如何应用风能和用其他能源来完成相同任务所要付出的代价。从经济效益角度来理解时,这个价值可被定义为利用风能时所节省下来的燃料费、容量费和排放费。

(1)节省燃料

当风能加入到某一发电系统中后,由于风力发电提供的电能,其他发电装置则可少发一些电,这样就可以节省燃料。

(2)容量的节省

计算表明,在2000年,1 000 MW的风力发电机组可以取代165～186 MW的常规发电机组。

（3）减少废物排放

当风机正常工作时,不会排放污染物质。由于矿物性燃料的燃烧过程要产生大量的废气和废物,因此几乎所有的以矿物燃料为动力的发电系统都要产生大量的排放物。1989 年丹麦的 2800 台风力发电机总发电量估计为 500 GW·h,这相当于减少了大约 40 kt 的污染排放物(主要是 CO_2)。表 5.2 为荷兰 2000 年计划的发电系统中因风力发电所减少的排放量。

表 5.2　荷兰 2000 年计划的发电系统中因风力发电所减少的单位排放量

排放物成分	1989 年丹麦的燃煤发电站	2000 年荷兰的全部发电系统
二氧化硫	5 ~ 8 t/GW·h	0.25 ~ 0.40 t/GW·h
氮的氧化物	3 ~ 6 t/GW·h	0.8 ~ 1.1 t/GW·h
二氧化碳	750 ~ 1 250 t/GW·h	650 ~ 700 t/GW·h
粉尘	0.4 ~ 0.9 t/GW·h	
炉灰渣	40 ~ 70t/GW·h	

5.3　风能地板辐射采暖系统

我国建筑能耗占总能耗的 11.7%,而建筑能耗中的空调能耗高达 35%。采用地板辐射采暖比壁挂暖气采暖可以节能 11.4%。因此风能与地板辐射供热系统结合,可以达到节能的效果,图 5.5 为风能地板采暖系统示意图。风能地板辐射采暖系统主要由风力发电机、风冷热泵冷热水机组、地板辐射采暖系统和自动控制系统等几部分组成。

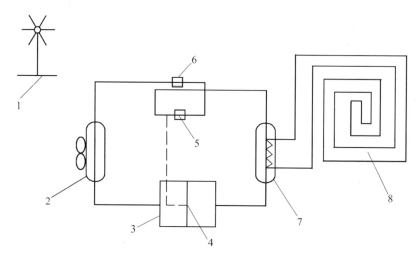

图 5.5 风能地板采暖系统示意图

1— 风力发电机;2— 空气侧换热器;3— 单向阀;4— 热力膨胀阀;5— 四通换向阀;
6— 压缩机;7— 水侧换热器;8— 地板辐射采暖管

5.4 风能建筑一体化

风能建筑一体化即将风能组件融入建筑本体中,在低层建筑中风能发电组件可在建筑物前后左右的空旷位置安装,如图 5.6 所示,或者安装在屋顶。近年来风能建筑一体化受到人们的重视,其中著名的建筑是巴林世贸中心,如图 5.7 所示。巴林世贸中心双塔之间凌空飞架的三座水平轴发电风车,每年约提供 1 300 MW·h 的电力,相当于200 万吨煤或者 600 万桶石油的发电量,供 300 个普通家庭一年之用。

图 5.6 风能发电机组置于建筑物周围

图 5.7　巴林世贸中心

5.5　风力发电机组的关键材料

风力发电机组由风轮、传动系统、发电机、储能设备、塔架及电器系统等组成,如图 5.8 所示。要获得较大的风力发电功率,其关键在于要有能轻快旋转的风轮(叶片)。风轮的材质强度是风力发电机组性能优劣的关键,目前的风轮所用材料已由木质、帆布等发展为树脂复合材料和金属(铝合金)等。其中树脂复合材料质量轻,比强度高,抗疲劳强度高,寿命较长,在风力发电中的应用效果显著。例如,美国研制的挤压成型玻璃钢风轮成功地安装在 55 kW 及 200 kW 的大型风力发电机组上,常年正常运转。

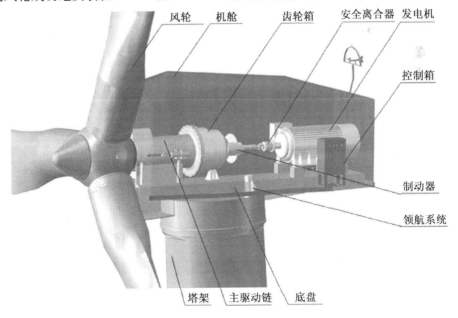

图 5.8　风力发电机组结构

风轮采用的材料决定风力发电装置的性能和功率,也决定风力发电的价格。从性能来讲碳纤维增强环氧树脂最好,玻璃纤维增强环氧树脂次之。

树脂复合材料风轮的制备工艺主要有两种,开模手工铺层和闭模真空浸渗。用预浸料开模手工铺层工艺是最简单、最原始的工艺,不需要昂贵的工装设备,但效率比较低,质量不够稳定,通常只用于生产风轮长度比较短和批量比较小的情况下。闭模真空浸渗技术用于大型风轮的生产(长度在40 m以上),闭模真空浸渗工艺具有效率高、成本低、质量好等优点。采用闭模真空浸渗工艺制备风轮时,首先把增强材料铺覆在涂覆硅胶的模具内,增强材料的外形和铺层数根据风轮设计确定。采用专用的铺层机进行铺层,然后用真空辅助浸渗技术输入基体树脂,真空可以保证树脂能很好地充满到增强材料和模具的每一个角落。真空辅助浸渗技术制备风轮的关键是:

(1)优选浸渗用的基体树脂,特别要保证树脂的最佳黏度及其流动性。

(2)模具设计必须合理,特别对模具上树脂注入孔的位置、流道分布更要注意,确保基体树脂能均衡地充满任何一处。

(3)工艺参数要最佳化,固化后的风轮要进行打磨和抛光等。在工艺制造过程中,尽可能减少复合材料中的孔隙率,保证碳纤维在铺放过程保持平直,是获得良好力学性能的关键。

风力发电的储能设备一般是铅酸蓄电池、新型二次电池等。

参考文献

[1] 刘万琨. 风能与风力发电技术[M]. 北京:化学工业出版社,2010.

[2] 孙丽梅. 风能利用现状及前景分析[J]. 内蒙古电力技术,2010,28(6):9-11.

[3] 王健. 我国风能资源最优化开发研究[D]. 镇江:江苏大学,2011.

[4] 李传统. 新能源与可再生能源技术[M]. 南京:东南大学出版社,2005.

[5] 张希良. 风能开发利用[M]. 北京:化学工业出版社,2005.

[6] 钱伯章. 风能技术应用[M]. 北京:科学出版社,2010.

[7] KALDELLIS J K. Wind energy-introduction[J]. Comprehensive Renewable Energy, 2012,2:1-10.

[8] JAY S. Mobilising for marine wind energy in the United Kingdom[J]. Energy Policy, 2011,39(7):4125-4133.

[9] KEYHANI A,VARNAMKHASTI M G.,KHANALI M,et al. An assessment of wind energy potential as a power generation source in the capital of Iran[J]. Energy, 2010,35(1):188-201.

第6章　　地热能

图6.1为地球内部结构。地球中心的温度约5000 ℃左右,高温的热量透过地层向太空释放,这种"大地热流"产生的能量,称为地热能。多数科学家认为,地球内部的热源是长寿命的放射性同位素进行的热核反应,这些放射性元素包括^{238}U、^{235}U 和^{232}Th等。也有人认为,地球最初是由一团高热物质组成,是从太阳派生出来的一个行星,经过四五十亿年以后,表面逐渐冷却形成地壳,而中心仍保持高温状态。由于地球的表面积很大,单位面积内放出的热量极其微小,所以全球平均地热能并不大,以致人们很难直接感觉出来。但是其总量却非常大,而且不同地区的地热能是不同的,热流高的地区地热资源较丰富。

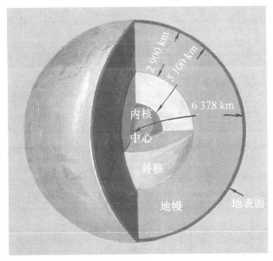

图6.1　地球内部结构

严格地说,地热能不是一种"可再生的"资源,而是一种像石油一样,可开采的能源,最终的采集量将依赖于所采用的技术。将水重新注回到含水层中可以提高再生的能力。如果热量提取的速度不超过补充的速度,那么地热能便是可再生的。岩浆／火山的地热活动的典型寿命从最低5000年到100万年以上,这么长的寿命使地热源成为一种再生能源。美国加州的喷泉热田,热含量至少相当于燃烧280×10^8桶石油所得的能量。但是由于地热能的分布相对来说比较分散,开发利用的难度较大。

在地壳中,地热的分布可分为三个带,即可变温度带、常温带和增温带。可变温度带,由于受太阳辐射的影响,其温度有着昼夜、年份、世纪、甚至更长的周期性变化,其厚度一般为15～20 m;常温带,其温度变化幅度几乎等于零,深度一般为20～30 m;增温带,在常温带以下,温度随深度增加而升高,其热量的主要来源是地球内部的热能。地球每一层次的温度状况是不相同的。在地壳的常温带以下,地温随深度增加而不断升高。这种温度的变化,以"地热增温率"来表示,也叫做"地温梯度"。各地的地热增温率差别较大,平均地热增温率为每加深100 m,温度升高8 ℃。到达一定的温度后,地热增温率由上而下逐渐变小。根据各种资料推断,地壳底部至地幔上部的温度大约1 100 ~ 1 300 ℃,地核的温度大约在2 000 ~ 5 000 ℃之间。我们按照正常的地热增温率来推算,80 ℃的地下热水,大致是埋藏在2 000 ~ 2 500 m左右的地下。

按照地热增温率的差别,我们把陆地上的不同地区划分为"正常地热区"和"异常地热区"。地热增温率接近3 ℃的地区,称为"正常地热区"。远超过3 ℃的地区,称为"异常地热区"。在正常地热区,较高温度的热水或蒸汽埋藏在地壳的较深处。在异常地热区,由于地热增温率较大,较高温度的热水或蒸汽埋藏在地壳的较浅部位,有的甚至露出地表。那些天然出露的地下热水或蒸汽叫做温泉。温泉是在当前技术水平下最容易利用的一种地热资源。

人们要想获得高温地下热水或蒸汽,就得去寻找那些"异常地热区"。"异常地热区"的形成,一种是产生在近代地壳断裂运动活跃的地区,另一种则是主要形成于现代火山区和近代岩浆活动区。在"异常地热区",如果具备良好的地质构造和水文地质条件,如图6.2所示,就能够形成有大量热水或蒸汽的"地热田"。目前世界上已知的一些地热田中,有的在构造上同火山作用有关,另外也有一些则是产生在火山中心地区的断块构造上。日本富士山周围有丰富的地热资源。

图6.2 地热田

按照地热资源的分布,世界著名的地热带有:环太平洋地热带、大西洋中脊地热带、地中海及喜马拉雅地热带、中亚地热带、红海、亚丁湾与东非裂谷地热带等。

地热能在世界很多地区应用相当广泛,地热能约为全球煤热能的1.7亿倍。地热资源有两种:一种是地下蒸汽或地热水(温泉);另一种是地下干热岩体的热能。

地热能的利用可分为地热发电和直接利用两大类。

6.1 地热发电

1904 年,意大利在拉德瑞罗地热田建立世界上第一座地热发电站,功率为 550 W,开地热能利用之先河。其后,意大利的地热发电发展到 50 多万千瓦。

到 80 年代末,全世界运行的地热电站,其发电功率每年已超过 $500 \times 10^4 kW$,1995 年达到 $680 \times 10^4 kW$,年增长速度达到 16%。中国最著名的地热电站,是西藏的羊八井地热电站,装机容量 $2.5 \times 10^4 kW$。

地热发电是利用地下热水和蒸汽为动力源的一种新型发电技术,其基本原理与火力发电类似,也是根据能量转换原理。首先把地热能转换为机械能,再把机械能转换为电能。地热发电系统主要有四种:

1. 地热蒸汽发电系统

利用地热蒸汽推动汽轮机运转,产生电能。由于水是从 1 ~ 4 km 的地下深处上来的,所以水是处在高压下。一眼底部直径 25 cm 的井每小时可生产 $(20 ~ 80) \times 10^4 kg$ 的地热水与蒸汽。由于水温的不同,5 ~ 10 眼井产出的蒸汽可使一个发电装置生产出 55 MW 的电。为了供给一台汽轮发电机蒸汽,抽出的高压地热水在闪蒸罐容器的表面释放出来,一部分水(约占 35%,取决于它的温度)闪蒸沸腾为蒸汽,进入汽轮发动机进而带动一台发电机。闪蒸罐内剩余的水回灌入热井边缘的地下,它有助于维持地下热源的压力并补充对流的水热系统。该系统技术成熟、运行安全可靠,设备成本低,是地热发电的主要形式,西藏羊八井地热电站采用的便是这种形式。该系统的缺点是发电效率低,为了提高效率,水温需要保持在 180 ~ 200 ℃ 以上。

2. 双循环发电系统

双循环发电系统也称有机工质朗肯循环系统,如图 6.3 所示。在该装置中,不是将热水闪蒸为蒸汽,而是送至一台热交换器,用以加热工作介质,工作介质通常是低沸点

双循环式地热发电

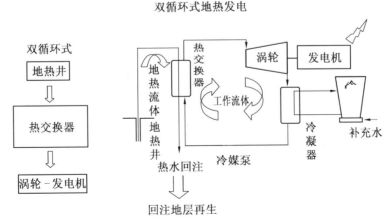

图 6.3 双循环式地热发电示意图

的有机化合物,如异丁烷或异戊烷等。工作介质被气化,用气化后的蒸汽驱动涡轮发动机,进而带动发电机。在离开涡轮后工作介质冷凝为液体,流回热交换器再次被气化。地热流体通过喷射井又回到地下,这与汽轮发电机中的情况很相似。由于在该发电装置中所用的工作介质是在比水低的温度下蒸发的,所以它的发电效率比直接蒸汽发电要高,可以用100 ℃ 或更低温的水来发电,但是该装置制造和运行费用较高。

3. 全流发电系统

将地热井口的全部流体,包括所有的蒸汽、热水、不凝气体及化学物质等,不经处理直接送进全流动力机械中膨胀做功,其后排放或收集到凝汽器中。这种形式可以充分利用地热流体的全部能量,但技术上有一定的难度,目前处于研发阶段。

水的沸点和气压有关,在101 kPa下,水在100℃沸腾。如果气压降低,水的沸点也相应地降低,20 kPa时,水的沸点为60 ℃;而在3 kPa时,水在24 ℃ 就沸腾。根据水的沸点和压力之间的这种关系,就可以把100 ℃ 以下的地下热水送入一个密闭的容器中抽气降压,使地下热水因气压降低而沸腾,变成蒸汽。由于热水降压蒸发的速度很快,是一种闪急蒸发过程,同时热水蒸发产生蒸汽时它的体积要迅速扩大,所以这个容器就叫做"闪蒸器"。用这种方法产生蒸汽的发电系统,叫做"闪蒸法地热发电系统"。它又可以分为单级闪蒸法发电系统、两级闪蒸法发电系统和全流法发电系统等。

两级闪蒸法发电系统可比单级闪蒸法发电系统增加发电能力15% ~ 20%;全流法发电系统可比单级闪蒸法和两级闪蒸法发电系统的单位净输出功率,分别提高60% 和30% 左右。采用闪蒸法的地热电站基本上是沿用火力发电厂的技术,即将地下热水送入闪蒸器,产生低压水蒸气推动汽轮机发电。

4. 干热岩发电系统

利用地下干热岩体发电的设想,是美国人莫顿和史密斯于1970 年提出的。1972年,他们在新墨西哥州北部打了两口约4 000 m 深的斜井,从一口井中将冷水注入到干热岩体,从另一口井取出自岩体加热产生的蒸汽,功率达2 300 kW。进行干热岩发电研究的还有日本、英国、法国、德国和俄罗斯,但迄今尚无大规模应用。

6.2　地热水的直接利用

地热能直接利用于烹饪、沐浴及暖房,已有悠久的历史。至今,天然温泉与人工开采的地下热水,仍被人类广泛使用。据联合国统计,世界地热水的直接利用远远超过地热发电。中国的地热水直接利用居世界首位,其次是日本。地热水的直接用途非常广泛,主要有采暖空调、制冷空调、工业烘干、农业温室、水产养殖、温泉疗养、医疗保健等。

地热制冷是以一定温度的地热水驱动吸收式制冷系统,图6.4 为地热制冷系统简图。吸收式制冷系统一般要求地热水温度在65 ℃ 以上。与太阳能等温度波动较大的热源相比,地热水温度相对稳定。

地热井是开采地热水的必要设备,地热井的大小、深度由地质条件和所需开采量决定。地热深井泵用于提取地热水,由于从井中抽取的地热水普遍含有固体颗粒和腐蚀性离子,为了保护制冷机的安全和使用寿命,必须在制冷机与地热井之间设置热交换器,热量通过清洁的循环水传递给制冷机。

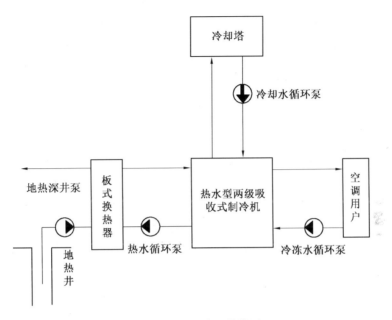

图 6.4 地热制冷系统简图

在冬季,地热供暖系统简图如图 6.5 所示。从图 6.6 看出,由于地表层温度相对恒定,夏天低于空气温度,冬天高于室外温度,因此与空气热源相比,地热更适合夏天制冷和冬天供暖。

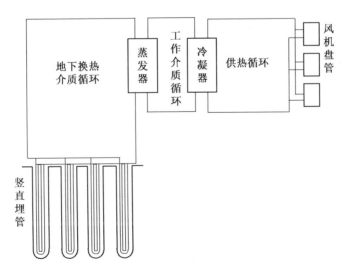

图 6.5 地热供暖示意图

工作环境

■ 对空调机组来说，夏天换热工况，地源好于空气源 43℃

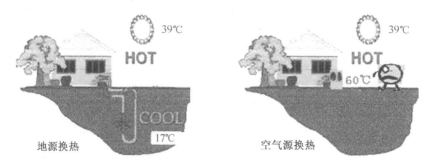

■ 对空调机组来说，冬天换热温度工况，地源好于空气源 27℃

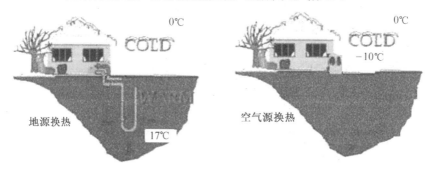

图 6.6　地热制冷和供热

6.3　地热流体的物理化学性质

目前开发地热能的主要方法是钻井，并由所钻的地热井中引出地热流体，即蒸汽和水加以利用，因此地热流体的物理和化学性质对地热的利用至关重要。

地热流体不管是蒸汽还是热水一般都含有 CO_2、H_2S 等不凝结气体，其中 CO_2 大约为 90%。表 6.1 为不同地区地热流体中放出的不凝结气体的成分和浓度。

表 6.1　不同地区地热流体中放出的不凝结气体的成分与浓度

地热井位置	气体(质量分数 /%)					
	CO_2	H_2S	CH_4	H_2	N_2	NH_3
加利福尼亚 Geysers	80.1	5.7	6.1	1.6	1.4	5.1
意大利 Larderello	95.9	1.1	0.07	0.03	2.9	
日本 Otake	94.7	1.5	3.8			
新西兰 Wairakei	95.6	1.8	0.8	0.1	1.6	0.1
墨西哥 Cerro Prieto	81.5	3.7	7.1	0.6	7.1	
冰岛 Nedall	42.8	51.6	0.7	1.4	3.5	

地热流体中还含有数量不等的 NaCl、KCl、CaCl$_2$、H$_2$SiO$_4$ 等物质。地区不同,含盐量差别很大,以质量分数计算,地热水的含盐量为0.1% ~ 40%。表6.2 为不同地区地热流体中含盐物质的种类和成分。

表6.2　不同地区地热流体中含盐成分与浓度

地热井位置	总计(1×10^{-6})	成分(质量分数/%)			
		NaCl	KCl	CaCl$_2$	H$_2$SiO$_3$
日本 Otake	3 810	62.6	0.5	1.5	22.8
新西兰 Wairakei	4 551	73.6	10.7	1.0	14.5
萨尔瓦多 Ahuachpan	15 024	81.8	11.1	6.2	4.0
墨西哥 Cerro Prietom	15 637	91.3	6.6	6.4	2.3
美国 East Mesa	24 800	72.2	6.8	8.6	1.5
冰岛 Reykjanes	29 737	72.2	8.1	15.4	2.0

在地热利用中通常按地热流体的性质将其分为以下几大类:

①pH 值较大,而不凝结气体含量不太大的干蒸汽或湿度很小的蒸汽;

② 不凝结气体含量大的湿蒸汽;

③pH 值较大,以热水为主要成分的两相流体;

④pH 值较小,以热水为主要成分的两相流体。

地热利用必须充分考虑地热流体物理化学性质的影响,如对热利用设备,由于大量不凝结气体的存在就需要对冷凝器进行特别的设计;由于含盐浓度高就需要考虑管道的结垢和腐蚀;含 H$_2$S 就要考虑其对环境的污染;如含某种微量元素就应充分利用其医疗效应等。

6.4　西藏羊八井地热发电

羊八井位于西藏拉萨市西北 92 km 的当雄县境内。热田地势平坦,海拔 4 300 m。南北两侧的山峰均在海拔 5 500 ~ 6 000 m 以上,山峰积雪熔化后形成的藏布曲河流经热田,河水温度年平均为 5 ℃,当地年平均气温 2.5 ℃。热田附近一带经济以牧业为主,兼有少量农业,青藏、中尼两条公路干线分别从热田的东部和北部通过,交通比较方便。

1975 年以来,国家对该地区进行了大量的考察和勘探工作,该热田热储面积为 14.7 km^2,天然热流量为 10 ~ 12 万千卡/秒。浅层地下 400 ~ 500 m 深,地下热水的最高温度为 172 ℃。1977 年 10 月羊八井地热田建起了第一台 1 000 kW 的地热发电试验机组。经过几年的运行试验,又于 1981 年和 1982 年建起了两台 3 000 kW 的发电机组,1985 年 7 月建起了第四台 3 000 kW 的机组,电站总装机容量已达 10 000 kW。图6.7 为羊八井地热电站。

图 6.7　羊八井地热电站

羊八井地热发电是采用二级扩容循环和混压式汽轮机,热水进口温度为 145℃。羊八井地热田在我国属于高温型,但在世界地热发电中,其压力和温度都比较低,而且热水中含有大量的碳酸钙和其他矿物质,结垢和防腐问题比较大。因此实现经济合理的发电具有一定的技术难度。为了提高其经济的合理性,目前采用的方法有:

①单相汽、水分别输送,用两条母管把各地热井汇集的热水和蒸汽输送到电站,充分利用了热田蒸汽,比单用热水发电提高发电能力 1/3。

②向井内注入阻垢剂,减少结垢。

羊八井的地热水中含有硫、汞、砷、氟等多种有害元素,不允许将地热发电后大量的热排水直接排入藏布曲河。采用热排水地下回灌的方法,减小了环境污染,避免了对地热资源的破坏。目前热排水的回灌能力达到每小时 100 ～ 124 t。

据统计,该电站自发电以来,供应了拉萨地区用电量的 50% 左右,对缓和拉萨地区供电紧张的状况起到很大作用,尤其是二、三季度水量丰富时靠水力发电,一、四季度靠地热发电,能源互补,效果良好。以拉萨现有水电、油电和地热电三类电站对比,每kWh 价格(按 1990 年价格) 为:水电 0.08 元;油电 0.58 元;地热电 0.12 元。由于该地区处于高寒气候,水电年运行不超过 3000h,因此地热电在藏南地区具有较强的竞争能力。

6.5　地热能的前景

矿物燃料电厂在整个寿命期间将会发出大气污染流,随着全世界对清洁能源需求的增长,将会更多地使用地热。全世界到处都有地热资源,特别是在许多发展中国家尤其丰富,它们的使用可取代矿物燃料电站。

目前在 25 个国家约有 8 000 MW 的地热发电即将投入使用。此外,在菲律宾、印尼与新西兰即将新增 700 MW 的地热发电。表 6.3 为主要国家的地热利用情况。

表 6.3   主要国家地热利用情况

国别	地热发电		地热直接使用	
	装机容量(电)/MW	年产量/k MWh	装机容量(电)/MW	年产量/k MWh
中国	28	98	2 143	5 527
法国	4	24	456	2 006
格鲁吉亚	—	—	245	2 136
匈牙利	—	—	638	2 795
爱尔兰	50	265	1 443	5 878
印尼	309	1 048	—	—
意大利	626	3 417	308	1 008
日本	299	1 722	319	1 928
肯尼亚	45	348	—	—
墨西哥	753	5 877	28	74
新西兰	286	2 193	264	1 837
菲律宾	1 051	5 470	—	—
波兰	—	—	63	206
俄罗斯	11	25	210	673
塞尔维亚	—	—	80	660
斯洛伐克	—	—	100	502
瑞士	—	—	110	243
突尼斯	20	68	140	552
美国	2 817	16 491	1 874	3 859
其他	7	40	329	1 935

美国的盖瑟斯地热田可以生产 1 300 MW 的电,足以满足 130 万加州人的家庭用电。据估计,全世界发展中国家从火山系统可取得 80 000 MW 的地热发电。印尼的地热潜力就达到 19 000 MW。地热发电厂的规模大约为 300 kW ~ 55 MW(净电功率)。

全世界可供直接应用的地热量在 9 000 MW(热功率)以上,爱尔兰几乎全部家庭和大楼都用地热。美国的几个城市和新西兰也在使用地热进行采暖。许多国家还用地热加热温室。食品加工是另一个成熟的应用。全世界地热资源直接应用的巨大潜力几乎尚未开发。

除了作为能源利用外,地热水中含有大量的化学物质,可以从中提取有用的化学元素和物质,如硫磺等。

对地热的研究和开发终将使人类能够使用更巨大的地热能,这些地热能不仅仅是火山地区中的地热能,而是含在不同深度的岩石中的地热能,一旦进入这一阶段,地热能将供应全世界所需电与热量的 25% ~ 50% 。

参考文献

[1] 朱家玲. 地热能开发与应用技术[M]. 北京:化学工业出版社,2006.

[2] 约翰塔巴克. 太阳能与地热能[M]. 北京:商务印书馆,2011.

[3] 郑康彬,杨红亮. 中国浅层地热能规模化开发与利用[M]. 北京:地质出版社,2011.

[4] 王秉忱. 我国浅层地热能开发现状与发展趋势[J]. 供热制冷,2012,2:58-61.

[5] 田光辉,程万庆,曾梅香. 地温资源与地源热泵技术应用论文集[M]. 北京:地质出版社,2011.

[6] KOSE R. Geothermal energy potential for power generation in Turkey[J]. Renewable and Sustainable Energy Reviews,2007,11(3):497-511.

[7] PACIFICA F A O,BRYNHILDUR D,INGVAR B F. Potential contribution of geothermal energy to climate change adaptation:A case study of the arid and semi-arid eastern Baringo lowlands,Kenya[J]. Renewable and Sustainable Energy Reviews,2012,16:4222-4246.

[8] CHAMORRO C R,MONDEJAR M E,RAMOS R,et al. World geothermal power production status:Energy,environmental and economic study of high enthalpy technologies[J]. Energy,2012,42:10-18.

[9] LUND H. Renewable energy strategies for sustainable development[J]. Energy,2007,32:912-919.

第7章 生物质能

生物质是指由光合作用而产生的各种有机体,生物质能是太阳能以化学能形式储存在生物中的一种能量形式,即以生物质为载体的能量,它直接或间接地来源于植物的光合作用。

在各种可再生能源中,生物质能是独特的,它是储存的太阳能,更是一种唯一可再生的碳源,可转化成常规的固态、液态和气态燃料。据估计地球上每年由光合作用储存在植物的枝、茎、叶中的太阳能,相当于全世界每年耗能量的 10 倍。生物质遍布世界各地,资源数量庞大,形式繁多,其中包括薪柴,农林作物,尤其是为了生产能源而种植的能源作物,农业和林业残剩物,食品加工和林产品加工的下脚料,城市固体废弃物,生活污水和水生植物,等等。

生物质能一直是人类赖以生存的重要能源,17 世纪末期大规模使用煤炭以前,人类使用的能源以生物质能为主。现在它是仅次于煤炭、石油和天然气而居于世界能源消费总量的第四位。用新技术开发利用生物质能不仅有助于减轻温室效应和生态良性循环,而且可替代部分石油、煤炭等化石燃料,成为解决能源与环境问题的重要途径之一。

生物质能具备下列优点:生物质为年复一年的可再生物质,且年产量极大;生物质是一种清洁燃料,含硫量极低,含氮量不高,所以燃烧后硫氧化物和氮氧化物的排放量很低,且生物质中灰分一般也很少,因而充分燃烧后烟尘含量很低;生物质燃烧产生的二氧化碳又可被植物吸收,合成本身的生物质,所以没有增大大气中二氧化碳的含量;生物质分布地域广,凡是生长植物的地域都可利用,特别是缺少煤炭资源的地区更有其开发利用生物质的必要性。将有机物转化成燃料可减少环境公害(例如垃圾燃料);与其他非传统性能源相比较,技术上的难题较少。

生物质能具有下列缺点:小规模利用;植物仅能将极少量的太阳能转化成有机物;单位土地面积的有机物能量偏低;缺乏适合栽种植物的土地;有机物的水分偏多(50% ~ 95%)。

7.1 生物质能的分类

按原料的化学性质分,生物质能资源主要为糖类、淀粉和木质纤维素类。简单地说,生物质能大致可以分为两类:传统的和现代的。现代生物质能是指那些可以大规模用于代替常规能源如矿物类固体、液体和气体燃料的各种生物能,主要包括木质废弃物、甘蔗渣、城市废物、生物燃料(包括沼气和能源型作物)。传统生物能主要限于发展中国家,主要包括家庭使用的薪柴和木炭;稻草、稻壳;其他的植物性废弃物;动物的粪便。

薪柴至今仍为许多发展中国家的重要能源,由于日益增加薪柴的需求,将导致林地日减,需适当规划与植树造林方可解决这一问题。

农作物残渣遗留于耕地上也有水土保持与土壤肥力固化的功能,因此,农作物残渣不应当毫无限制地作为能源材料使用。

牲畜的粪便经干燥可直接燃烧供应热能,若将粪便经过厌氧处理,会产生甲烷和可供肥料使用。若用小型厌氧消化槽,仅需三至四头牲畜的粪便即能满足发展中国家中小家庭每天能量的需要。

对具有广大未利用土地的国家而言,如将制糖作物转化成乙醇将可成为一种极富潜力的生物能,制糖作物最大的优点在于其可直接发酵变成乙醇。

水生植物如一些水生藻类,主要包括海洋生的马尾藻、巨藻、海带等,淡水生的布袋草、浮萍、小球藻等,利用水生植物加工成燃料是增加能源供应的方法之一。

直接燃烧城市垃圾可产生热能,或是经过热解处理而制成燃料使用。

一般城市污水约含有 0.02% ~ 0.03% 的固体和 99% 以上的水分,下水道污泥有望成为厌氧消化槽的主要原料。

7.2　生物质能利用现状

生物质能技术的研究与开发已成为世界重大热门课题之一,受到世界各国政府与科学家的关注。许多国家都制定了相应的开发研究计划,如日本的阳光计划、印度的绿色能源工程、美国的能源农场和巴西的酒精能源计划等,其中生物质能源的开发利用占有相当的比重。目前,国外的生物质能技术和装置多已达到商业化应用程度,实现了规模化产业经营,以美国、瑞典和奥地利三国为例,生物质转化为高品位能源利用已具有相当可观的规模,分别占该国一次能源消耗量的 4%、16% 和 10%。在美国,生物质能发电的总装机容量已超过 10 000 MW,单机容量达 10 ~ 25 MW;美国纽约的斯塔藤垃圾处理站投资 2 000 万美元,采用湿法处理垃圾,回收沼气,用于发电,同时生产肥料。美国已经超过巴西成为世界上最大的燃料乙醇生产国。巴西重点进行乙醇燃料的开发应用,目前乙醇燃料已占该国汽车燃料消费量的 50% 以上。

中国政府也十分重视生物质能源的开发和利用,自 20 世纪 70 年代以来,先后实施了一大批生物质能利用研究项目和示范工程,涌现了一大批优秀的科研成果和应用范例,并在推广应用中取得了可观的社会效益和经济效益。到 2007 年底,推广省柴节煤炉灶约 2 亿户,每年减少了数千万吨标准煤的消耗;全国已建农村户用沼气池 2 650 多万个,年产沼气 $102 \times 10^8 m^3$;兴建大中型沼气工程近 3 700 多处(含工业有机废弃物沼气工程),近 10 万户居民用上了优质气体燃料;建成薪炭林 540 万公顷,年产薪柴约 $4 000 \times 10^4 t$。进入 80 年代,政府又将生物质能利用技术的研究与应用列为重点科技攻关项目,开展了生物质能利用新技术的研究和开发,使生物质能技术有了进一步提高,其中尤以大中型畜禽场沼气工程技术、秸秆气化集中供气技术和垃圾填埋发电技术等的进展引人注目。近年来,我国的生物柴油、燃料乙醇的应用开发也取得了令人瞩目的成绩。表 7.1 为 2003 年我国生物质能的开发利用量。

表 7.1　我国 2003 年生物质能的开发利用量

技术名称	2003 年开发量		
	实物量		标煤(等价值)
一、发电系统	MW	$\times 10^8$ kWh	万吨
生物质发电	2 800	140	490
二、供气系统	座	$\times 10^8$ m^3	万吨
工业沼气工程	231	1.26	10.8
禽畜沼气工程	2 124	0.58	7.4
户用沼气	1 208(万户)	45.80	586.2
秸秆气化	525	1.75	5.1
三、供液体燃料	万吨		万吨
燃料乙醇	- 100		85.8
总计			1 185.3

　　虽然世界上一些发达国家对废弃生物质的开发利用技术已非常先进,但仍有很大的潜力。1993 年德国拥有垃圾发电厂 50 座,总装机容量 1 000 MW;日本目前已建成垃圾发电厂 149 座,总装机容量 557 MW。若将日本每年的垃圾全部用于发电则可发电 78×10^8 kWh。1995 年美国垃圾发电厂有 114 座,总装机容量 2 650 MW,居世界第一位。如将美国的城市固体垃圾全部变成能源,则可满足全国所需能源的 3% ~ 5%。印度利用城市固体废弃物发电每年发电量为 6×10^4 kWh。

　　据估计我国每年的垃圾排放量达 $20 000 \times 10^4$ t,若全部用于发电则可发电 500×10^8 kWh。我国农村每年有各类秸秆 6.2×10^8 t,利用 60% 可产沼气 744×10^8 m^3;每年有各种牲畜粪便 34.781×10^8 t,可产沼气 $1 536.2 \times 10^8$ m^3;每年农村有人粪尿 1.7×10^8 t,可产沼气 88.4×10^8 m^3。三项总计年产沼气可达 $2 368.6 \times 10^8$ m^3,户均拥有沼气资源 $1 184.3$ m^3,完全可以解决农村生活用能。此外其他生物质废弃物如稻壳、蔗渣、木屑等的产量也非常丰富,稻壳每年的产量约 5 000 多万吨,折合标准煤约 $2 000 \times 10^4$ t,林业加工过程产生的生物质约 $2 400 \times 10^4$ m^3,折合标准煤约 150×10^4 t。表 7.2 为我国主要生物质能开发利用前景。

表7.2　我国主要生物质能开发利用前景

年	2020		2030		2050	
能源需求总量/亿吨	29.5		36.5		45.5	
石油总需求量/亿吨	5.5		6.5		8.3	
电力总需求量/亿kWh	42 000		58 000		80 000	
生物质发电、生物燃油开发量	实物量	标煤（当量值）/×10^8 t	实物量	标煤（当量值）/×10^8 t	实物量	标煤（当量值）/×10^8 t
生物质发电	$1\,400\times10^8$ kWh	0.17	$3\,300\times10^8$ kWh	0.4	$5\,900\times10^8$ kWh	0.72
占电力总需求量的	3.3%	0.375	5.7%	0.925	7.4%	2.51
生物燃油		6.8%		14.2%		30.2%
占石油总需求量的		0.545		1.325		3.23
合计		1.8%		3.6%		7.1%
占能源需求总量的						

7.3　生物质能的开发技术

　　生物质能利用技术按机理可分为生物转换、热化学转换两种基本形式。各种生物质可根据需要采用不同的转换技术以提供电力、热量或燃料。按照转化产物的形态可将生物质的转换技术分为液化、气化和固化，其中裂解和气化是将初级形态的生物质能用热化学方法升级为高级形态的气体或液体燃料的重要途径。图7.1为生物质能转化技术及产品应用。

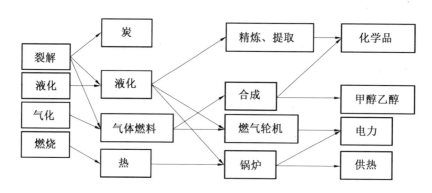

图7.1　生物质能转化技术及产品应用

7.3.1　生物转换

生物转换是利用微生物（如厌氧菌、光合细菌、酵母菌等）在一定的温度和无氧条件下，将生物质降解产生小分子化合物（如甲烷、甲醇、乙醇、氢气等）的过程。生物转换主要包括厌氧发酵制取沼气、生物质发酵制取乙醇和生物质发酵产氢。目前比较成熟的技术主要是沼气和乙醇制取技术，而发酵产氢尚处于探索阶段。

7.3.2　热化学转换

热化学转化技术主要包括直接燃烧、热解、炭化、气化和液化，虽然各种生物质的成分不尽相同，但均可以通过热化学作用转化。

1. 燃烧技术

生物质燃烧技术是将生物质原料直接送入燃烧设备燃烧，利用燃烧过程中放出的热量加热工质以产生蒸汽，用于供热或发电。按照燃料分类可将生物质燃烧技术分为生物质的直接燃烧、生物质和矿物燃料（主要是煤）的混合燃烧。

（1）生物质直接燃烧技术

作为燃料的生物质包括木材、废木料、纸浆作业产生的废液、食品加工业的废物和城市固体垃圾等。生物质燃烧可以获得能量，如燃烧木材、秸秆取暖、做饭。这种燃烧消耗生物质量大、污染严重，需要对燃烧设备进行改造，我国农村地区推广的节能灶可以减少对资源的消耗。70 年代开发的流化床锅炉技术，实现原料的完全燃烧。虽然生物质的直接燃烧具有技术成熟、设备较简单、燃烧后的灰分用途广泛等优点，但是生物质燃料的高含水量使锅炉的排烟容积增大、锅炉效率降低；燃烧某些碱金属含量较高的燃料，如稻草时，锅炉腐蚀严重；流化床燃烧过程中某些燃料与床料之间反应，导致床凝结；直接燃烧某些高含氮量生物质燃料时，NO_x 浓度过高。

将玉米秆、水稻秆、木屑、稻壳、花生壳、瓜子壳、甜菜粕、苜蓿草、树皮等所有废弃的农作物，经粉碎 - 混合 - 挤压 - 烘干等工艺，最后制成颗粒状燃料，可以方便运输、提高燃烧效率。

（2）生物质和矿物燃料的混合燃烧技术

由于大部分生物质燃料的含水量较高且组份复杂，因此使用常规的锅炉很难提高燃烧效率。采用生物质与矿物燃料的混合燃烧技术（如第 2 章提到的生物质型煤），既可以达到经济上的合理性，又可以降低锅炉排放物的浓度。这是因为生物质的含氮量比煤少，而且生物质燃料中的水分使燃烧过程冷却，减少了 NO_x 的热形成。混合燃烧会对燃烧稳定性和给料及制粉系统产生影响，可通过调整燃烧器和给料系统满足要求。

2. 热解

热解又称裂解，是指生物质在缺氧条件下利用热能切断大分子量的有机物碳氢化合物，使之转变为碳质量分数更小的低分子量物质的过程。生物质的热解是一个复杂的化学反应，包括大分子的键断裂、异构化和小分子的聚合等反应，最后生成各种较小的分子。热解过程的产物包括气体、液体和固体木炭。热解技术按照产物形态不同可分为炭化、热解气化和热解液化,它既可以作为一个独立的过程,也可以是燃烧、炭化、液化、气化等过程的一个中间过程,取决于各热化学转化反应的动力学,也取决于产物的组成特征和分布。

受热解条件(包括热解系统、热解方式和催化剂)和生物质类型的影响,热解产物主要有焦炭、焦油、水溶性有机物、气态产物等。裂解反应参数决定裂解产物,例如,在 400 ℃ 以下慢速加热,裂解产物主要是固体炭;500 ℃ 快速加热,产物以液体焦油为主,产率达到 85%;在 700 ℃ 以上快速加热,称为瞬时裂解,产物以气体为主,产率在 80% 左右。

在不同的裂解气氛下产率和产物组成不同,在水蒸气中裂解,水与分解产物发生化学反应,而且水促进焦油进一步分解成气体燃料。表 7.3 为不同反应装置和条件下的裂解产物。

$$H_2O + CO \longrightarrow CO_2 + H_2 \tag{7.1}$$

$$H_2O + CH_4 \longrightarrow CO + H_2 \tag{7.2}$$

$$2H_2O + CH_4 \longrightarrow CO_2 + 4H_2 \tag{7.3}$$

$$C + H_2O \longrightarrow CO + H_2 \tag{7.4}$$

$$C + H_2 \longrightarrow CH_4 \tag{7.5}$$

$$C + CO_2 \longrightarrow 2CO \tag{7.6}$$

表 7.3　不同反应装置和条件下的裂解产物

裂解装置	气体 / 液体 / 炭 /%	温度 /℃
固定床	55/15/30	500 ~ 800
流化床	80/10/10	650 ~ 1 000
辐射炉	90/8/2	1 000 ~ 2 000
循环流化床	25/65/10	450 ~ 800
载流床	30/60/10	400 ~ 550
真空床	15/65/20	250 ~ 450
旋风床	35/55/10	475 ~ 725
旋转锥	20/70/10	500 ~ 700

裂解产生的液体焦油与传统的液体燃料相比,性能不稳定,杂质多,要作为燃料使用必须对其进行处理或精制,使其成为 C - H 燃料。一般采用分子筛处理和高温高压加氢处理,加氢处理的关键是选择合适的催化剂,常用催化剂是 Ni - Mo、Co - Mo 等,载体是活性炭、氧化铝陶瓷。分子筛处理的优点是可以将分子筛安装在裂解装置中进行连续操作,采用合适的催化剂和活性剂,可以提高处理速度与效率。

生物质液化的目的是为了获取液化油,液化油可以储存和长距离运输,用液化油可以生产高附加值的化学药品、添加剂、化学肥料、杀虫剂、树脂和合成汽油等,还可以用于生产发酵糖类等,最主要的应用是发电和供热。

最简单的液化方法是发酵,如将玉米、甜秆植物进行发酵,制取乙醇、甲醇等有机醇类燃料。有机醇比化石燃料的含氧量高而含硫量低,取代化石燃料可以减少环境污染。生物质在裂解过程产生液体焦油,这也是液化方法。使用合适的催化剂和控制反应条件,可以提高液化油的产率。

快速裂化技术是在600 ℃左右和高压条件下实现的,主要产物液化油是气体产物经冷却后得到的,另外还有少量的固态产物为木炭。除了开发快速裂化技术供电和供热外,人们利用快速裂化技术制备发酵糖,这是由于经过预水解的生物质形成了纤维素,纤维素在高压高温作用下,发生热聚合作用(与热裂解相反),生成大量糖酐溶液,糖酐水解后即可得到发酵糖。应用裂化技术时,生物质原料预先作成直径为3 mm左右的颗粒,生物质原料在反应器停留时间少于2 s,实现快速裂化。

催化液化是把生物质原料先制成浆料,在高压(15 MPa以上)低温(250 ~ 400 ℃)条件下,通过还原气体和催化剂作用,产生液体燃料的过程。其中催化剂材料根据生物质原料来决定,一般催化剂包括钌、钯、镍、碱金属盐和氢氧化物等。制作原料料浆时,水是廉价的溶剂,但它的溶解能力低,采用芳香烃混合物做溶剂,可以提高燃料油的产率。木材用水作溶剂、Ni做催化剂,催化液化处理后液化油的产率为45%,用芳香烃混合物溶剂液化油产率达到60%。

日本长崎综合科学大学和三菱重工长崎研究所发明出用植物材料制取甲醇燃料的新技术。把稻草或木材进行干燥和粉碎,然后在800 ~ 1 000 ℃、1 ~ 10个大气压的气化炉中加以气化,再加入氧和水,将温度升至350 ℃,升压至40个大气压,在氧化铜和氧化锌类催化剂的作用下制出了甲醇。这种方法的生物性资源十分丰富,稻草、稻谷壳、作物茎叶、间伐的木材、木材厂的下脚料、锯末、轧糖后的甘蔗渣子以及杂草等都可作为原料。

超临界液化技术是用超临界流体萃取生物质,使其液化成燃料的工艺。它的基本流程如下:生物质原料和加压的超临界流体进入萃取器混合后,超临界流体能选择性地萃取原料中所需的成分,然后含有萃取物的超临界流体进入分离器,通过调节温度和压力,将流体和萃取物分开。该技术具有以下优点:

(1)超临界流体溶解能力高,在反应区可以快速除去生成木炭的中间反应产物,减少木炭含量;

(2)不需要使用催化剂和还原剂。

实验结果表明,超临界液化技术比裂解技术得到更高的液化产品。

裂解装置主要是旋转锥反应器和流化床,流化床的优点是生物质原料颗粒在床内充分流化和分散,裂解完全,转化效率高。

生物质热化学转化的几种技术中,热解气化和液化较之直接燃烧技术投资大、技术含量高、对生物质原料的加工处理、反应条件的控制、反应产物的分离和处理等要求较高。而且与常规能源相比,气化和液化产物的热值较低,这些因素都制约着气化和液化技术的经济性及其在市场上的竞争力。作为目前发展较成熟的直接燃烧技术,具有如下特点:能迅速且大幅度地减少生物质废弃物的容积;能彻底清除有害细菌和病毒破坏毒性有机物;将现有的燃烧设备经过较小改动之后即可使用;生物质农业废弃物和人禽畜粪便燃烧后的残灰,可作肥料使用,在解决农村能源短缺的同时提高废弃物综合利用率;生物质与煤混合燃烧有利于降低燃料成本,减少 SO_x 和 NO_x 排放,有利于环境保护。

7.3.3　生物柴油

生物柴油(Biodiesel)又称脂肪酸甲酯,是以植物果实、种子、植物导管乳汁或动物脂肪油、废弃的食用油等作原料,以氢氧化钠或甲醇钠做为触媒,与醇类(甲醇、乙醇)经交酯化反应获得。

生物柴油具有许多优点:

(1)原料来源广泛,可利用各种动、植物油作原料。

(2)生物柴油作为柴油代用品,使用时柴油机不需作任何改动或更换零件。

(3)可得到经济价值较高的副产品"甘",作为化工品、医药品的原料。

(4)相对于石化柴油、生物柴油无腐蚀性和无易燃易爆性,储存、运输和使用都很安全。

(5)热值高,一般可达石化燃料油的80%。

(6)从能源作物提取,具有可再生性。诺贝尔奖获得者,美国加州大学的化学家卡尔文于1986年在加州福尼亚种植了大面积的石油植物,每公顷可收获120桶石油。他的成功,在全球迅速掀起了一股开发研究石油植物的浪潮。许多国家纷纷建立石油植物园。美国种植有几百万英亩的石油速生林;菲律宾有18万亩的银合欢树,6年后可收1 000万桶石油。美国加州的"黄鼠草"每公顷可提炼1 000公升石油。

(7)可在自然状况下实现生物降解,减少对环境的污染。

目前,发达国家用于规模生产生物柴油的原料有大豆、油菜籽、棕榈油。棉花籽、食用回收油,其价格低廉,取材广泛,亦是许多国家研究和利用的对象。日本、爱尔兰等国用植物油下脚料及食用回收油作原料生产生物柴油,成本较石化柴油低。

目前,我国生物柴油生产厂家100余家,总生产能力为100万吨/年,主要原料有菜籽油、大豆油、废煎炸油等。

生物柴油自身存在的缺点,限制了其应用程度。首先,油脂的分子较大(约为石化柴油的4倍),黏度较高(约为2#石化柴油的12倍),导致喷射效果不佳。其次,由于生物柴油的低挥发性,在发动机内不易雾化,与空气的混合效果差,造成燃烧不完全,形成燃烧积炭,以致易使油脂粘在喷射器头或蓄积在引擎气缸内而影响其运转效率,易产生冷车不易起动,以及点火迟延等问题。

7.3.4　燃料乙醇

燃料乙醇以淀粉质(玉米、甘薯、木薯等)和糖质(甘蔗、甜菜、甜高粱等)为原料,经液化、发酵、蒸馏、脱水后获得的液态燃料。

燃料乙醇可在专用的乙醇发动机中使用,也可按一定的比例与汽油混合,在不对原汽油发动机做任何改动的前提下直接使用。使用含醇汽油可减少汽油消耗量,增加燃料的含氧量,使燃烧更充分,降低燃烧中的 CO 等污染物的排放。

燃料乙醇其他应用包括燃料电池的燃料、化工产品的原料等。

7.3.5 海洋生物质能

种植陆地能源植物侵占了粮食作物的耕地,因此人们把目光转移到海洋生物质能的开发上。海洋生物质能是海洋植物利用光合作用将太阳能以化学能的形式储存的能量形式,海洋生物质的主要来源为海洋藻类,包括海洋微藻和大型海藻等。海洋藻类可以在海洋、盐碱地等不适合粮食作物生产与林木种植的空间进行规模生产,成为当前生物质能研究领域的热点,已经引起了全球各界的广泛关注。

海洋微藻生物质能开发具有以下特点和优势:

(1) 生长速度快,微藻是光合效率最高的光合生物之一;

(2) 一些微藻具有盐碱适应能力,可利用海水、地下卤水等在滩涂、盐碱地进行大规模培养;也可以利用封闭式光生物反应器培养;

(3) 一些产油微藻的脂肪酸总量可达干重的 50% ~ 90%,有望成为最有前景的生物燃油来源;

(4) 微藻含有丰富的活性物质,在制备生物燃油的同时可进行高值化综合利用。

大型海藻含有丰富的碳水化合物(海藻胶、纤维素、海藻淀粉等)和甘露醇,可以转化为燃料乙醇等。大型海藻生物质能开发具有以下特点和优势:

(1) 产量高,可大规模栽培;

(2) 不占用土地与淡水资源,避免海洋生物质能开发对粮食安全的影响;

(3) 有利于保护海洋环境,预防海洋灾害。大型海藻的栽培可以有效吸收富营养化元素,抑制赤潮发生;还可通过光合作用吸收利用 CO_2,产生显著的减排效益;

(4) 大型海藻木质素含量比陆地植物少得多、藻体柔软,容易被破碎和消化,从而可以降低燃料乙醇等的生产成本。

当前海洋生物质能的研究内容主要是建立海藻的低成本培养、生物质能的高效生产、充分吸收 CO_2 并快速积累高值化产品的集成技术等方面。

参考文献

[1] 周中仁,吴文良. 生物质能研究现状及展望[J]. 农业工程学报,2005,21(12):12-15.

[2] 匡廷云,白克智,杨秀山. 我国生物质能发展战略的几点意见[J]. 化学进展,2007,19(7/8):1060-1063.

[3] ABDEEN M O. Biomass energy potential and future prospect in Sudan[J]. Renewable and Sustainable Energy Reviews,2005,9(1):1-27.

[4] 陈颖健,孟浩. 我国生物质能发展现状及对策[J]. 高技术通讯,2007,

12:1312-1316.

[5] 孙婷,杜伟,陈新. 我国生物柴油产业化现状及前景[J]. 生物产业技术,2007, 2:33-39.

[6] CHISTI Y. Biodiesel from microalgae[J]. Biotechnology Advances,2007,25:294-306.

[7] 任小波,吴园涛,向文洲,等. 海洋生物质能研究进展及其发展战略思考[J]. 地球科学进展,2009,24(4):403-409.

[8] 李海滨. 现代生物质能利用技术[M]. 北京:化学工业出版社,2012.

[9] 钱伯章. 生物质能技术应用[M]. 北京:科学出版社,2010.

[10] 张建安,刘德华. 生物质能源利用技术[M]. 北京:化学工业出版社,2009.

第8章 氢能与燃料电池

氢能的主要实现方式是依靠氢与氧反应将化学能转化为电能,氢氧的反应产物是水,没有环境污染问题,因此人们对氢作为燃料抱有特别大的期望。氢的能量密度很高,是普通汽油的3倍,这意味着燃料的自重可减轻2/3,这对航天飞机无疑是极为有利的。早在第二次世界大战期间,A-2火箭发动机就采用氢液体推进剂。1960年液氢首次用作航天动力燃料,1970年美国发射的"阿波罗"登月飞船的起飞火箭,即用液氢作燃料。目前氢已是航天、火箭领域的常用燃料,随着科学技术的进步和对环境保护的重视,氢能源的应用领域逐步扩大到汽车、民用设备等方面。近年来,各国对氢能的需求量呈迅速增长趋势,以美国为例,20世纪60年代初期,美国的氢年产量为$682 \times 10^8 m^3$,70年代初为$816 \times 10^8 m^3$,80年代以来,氢的产量以年增长率为42%的速度上升,2000年产量$1\,547 \times 10^8 m^3$。

氢能系统包括从氢的生产到最终使用装置为止的各种氢能综合利用系统。一般地说,一个氢能系统是由以下四个部分组成的,即氢的生产系统、氢的供应系统、氢的储存系统和氢的最终使用系统,图8.1所示,其主要特点包括:

(1) 资源丰富

氢是宇宙中最丰富的元素,它在地球上大量储存于水中,地球上水中含氢11%,共计约10^{20} kg。

(2) 氢燃烧产生的热量大

相同重量条件下,氢气燃烧产生的热量为汽油燃烧的2.7倍,煤的3.54倍。

(3) 氢燃烧后的产物是水

不像石油、煤炭燃烧后会产生大量的烃、CO、CO_2、SO_2、NO_x和有机酸,造成环境污染。

(4) 具有较高的经济效益

通过利用太阳能、核能等廉价能源大量制氢,氢的成本将进一步下降,可与化石燃料相匹敌。

(5) 具有和运输的优势

易于长期储存和远距离运输。

(6) 用途广泛

既可直接作为燃料,又可作为化学原料和其他合成燃料的原料。

氢能大规模的商业应用还有待解决的关键问题:

(1) 廉价的制氢技术

因为氢是一种二次能源,它的制取不但需要消耗大量的能量,而且目前制氢效率很低,因此寻求大规模的廉价高效的制氢技术是需要各国科学家共同攻克的问题。

（2）安全可靠的储氢和输氢方法

由于氢易气化、着火、爆炸，因此如何妥善解决氢能的储存和运输问题也就成为开发氢能的关键。

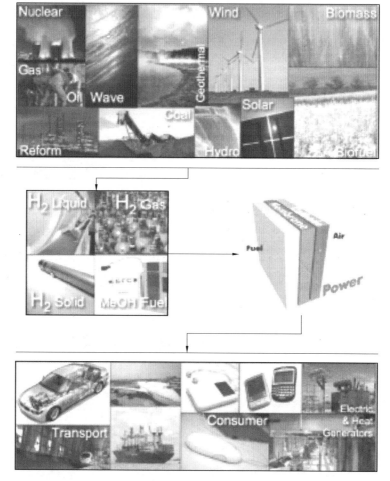

图 8.1　氢能系统

本章将主要介绍氢的制取、氢的储存以及相关材料。

8.1　氢的制取

氢可以长期储存，也可以远距离运输，因此可以在偏远地区集中生产，再运输到其他地方使用。氢是自然界中最丰富的元素之一，存在于淡水和海水之中，也以碳－氢化合物形式存在于化石燃料和生物质之中。要得到氢必须从这些原料中制取，由于化石燃料的储量有限，只能供近期的制氢使用，从长远观点看，水是制氢的主要来源。

8.1.1 化石燃料制氢

远在 18 世纪时,城市煤气中的氢就是从化石燃料中获得的,20 世纪 40 年代以前,美国生产的氢有 90% 是通过水煤气反应获得的。到目前为止,制氢的原料仍然是以天然气、石油和煤为主。

利用化石燃料制氢的方法包括:蒸汽转化法、不完全燃料法、水煤气法、煤的高温蒸汽电解法、煤气化燃料的电导膜法、煤的裂解法、天然气裂解法等。

1. 蒸汽转化法

利用天然气等碳氢气体燃料为原料,通过蒸汽的催化转换制取氢的方法称为蒸汽转化法。通常整个反应的温度在 900 ℃ 左右。以甲烷为例,其反应过程包括以下反应式

$$CH_4 + H_2O \longrightarrow CO + 2H_2 \tag{8.1}$$

$$CO + H_2O \longrightarrow CO_2 + H_2 \tag{8.2}$$

$$CO + 3H_2 \longrightarrow CH_4 + H_2O \tag{8.3}$$

2. 不完全燃烧法

不完全燃烧法是在蒸汽参与和氧压不足的条件下,将重油或煤进行不完全燃烧获取氢的工艺。以煤 $CH_{0.8}$ 为例其反应过程为

$$CH_{0.8} + 1/2O_2 \longrightarrow CO + 0.4H_2 \tag{8.4}$$

$$CH_{0.8} + H_2O \longrightarrow CO + 1.4H_2 \tag{8.5}$$

$$CO + H_2O \longrightarrow CO_2 + H_2 \tag{8.6}$$

3. 水煤气法

水煤气法是在 1 000 ℃ 左右的高温下,利用水蒸气与煤反应来获得氢。反应一般在流化床、固定床等系统内进行。中间产物是人造煤气,可以再转化为氢气和其他煤气。其简化的反应过程如下

$$C + H_2O \longrightarrow CO + H_2 \tag{8.7}$$

$$CO + H_2O \longrightarrow CO_2 + H_2 \tag{8.8}$$

由于上述方法需要的温度为 900℃ 左右,该温度是高温气冷堆的出口温度,因此高温气冷堆的一个重要应用是与化石燃料制氢系统耦合,利用其出口温度高的特点进行制氢。

8.1.2 电解水、热解水制氢

电解水总反应为

$$2H_2O \longrightarrow 2H_2 + O_2 \tag{8.9}$$

对于 KOH 水溶液电解质,碱性电极反应为

阴极 $$4e + 4H_2O \longrightarrow 2H_2 + 4OH^- \tag{8.10}$$

阳极 $$4OH^- \longrightarrow O_2 + 2H_2O + 4e \tag{8.11}$$

电解水制氢需要将一次能源转化为电能,能源利用率低。热解制氢是将热能直接

加给水或含有催化剂的水,使水受热分解为氢和氧。由于水分解的自由能只有在温度高于 3 000 K 时才急剧减小,即在高于此温度下制氢才能达到实际应用的制氢效率。用高聚光比的旋转抛物面聚光镜可以使太阳光线聚焦,达到 3 000 K 的高温,但整个系统对材料的要求高;目前的材料还存在一定的问题,所以直接热解水存在巨大的困难。

人们提出的另一种方案是氧化铁流化床高温太阳光热解水制氢系统,反应式为

$$120℃ \qquad H_2O + FeO \longrightarrow Fe_3O_4 + H_2 \tag{8.12}$$

$$2\ 200℃ \qquad F_3O_4 \longrightarrow FeO + 1/2O_2 \tag{8.13}$$

这种直接加热分解氢的优点是效率高,无环境污染,不需要采用中间催化剂。即使这样,从目前高温材料的发展现状看,2 200 ℃ 还是偏高。

由于水的直接热解存在高温的困难,因此人们采取多步骤的热化学分解水制氢的方法,在不同阶段和不同温度下,使含有添加剂(催化剂)的水通过多步反应过程最终分解为氢和氧。添加剂在反应过程并不消耗,可以回收再利用,整个反应过程构成一个封闭的循环系统。常见的添加剂是卤族化合物,以日本的 UT - 3 热化学循环制氢为例,反应步骤为

$$700℃ \qquad CaBr_2(s) + H_2O(g) \longrightarrow CaO(s) + 2HBr(g) \tag{8.14}$$

$$550℃ \qquad CaO(s) + Br_2(g) \longrightarrow CaBr_2(s) + 1/2O_2 \tag{8.15}$$

$$250℃ \qquad Fe_3O_4(s) + 8HBr(g) \longrightarrow 3FeBr_2(s) + 4H_2O(g) + Br_2(g) \tag{8.16}$$

$$650℃ \qquad 3FeBr_2(s) + 4H_2O(g) \longrightarrow Fe_3O_4(s) + 6HBr(g) + H_2 \tag{8.17}$$

添加剂材料的选择要求是,对容器、管道腐蚀小,对环境污染轻或无污染。

8.1.3 生物质制氢

生物质资源丰富,是重要的可再生能源。生物质含有大量的碳氢化合物,在高温惰性气氛和催化剂作用下可使生物质气化,产生含有氢气的气体燃料,经过分离后得到氢。

利用微生物在常温常压下进行酶催化反应可制得氢气,包括化能营养微生物产氢和光合微生物产氢两种。化能营养微生物是各种发酵类型的一些严格厌氧菌和兼性厌氧菌,发酵微生物放氢的原始基质是各种碳水化合物、蛋白质等。目前已有利用碳水化合物发酵制氢的专利,并利用所产生的氢气作为发电的能源。

光合微生物如微型藻类和光合作用细菌的产氢过程与光合作用相联系,称光合产氢。

8.1.4 光催化分解水制氢

20 世纪 70 年代以来,人们发现一些过渡金属络合物,如三联吡啶钌络合物在光照时发生激发,具有电子转移能力,根据这一特性人们开发出光络合催化分解水制氢装置。这种络合物是催化剂,同时具有吸收光能、产生电荷分离、电荷转移和集结,并通过一系列的偶联过程,最终使水电解为氢和氧,即人工模拟光合作用分解水的过程,制氢效率一般在 6% 左右。

当光子的能量 $E = h\gamma$ 大于常温下水分解自由能 237 kJ/mol 时,水可以分解产生 H^+ 和 OH^-,再生成氢和氧。波长短的紫外光能量大于 237 kJ/mol,可以分解水。由于水对光是透明的,为了增加对光的吸收,需要在水中加入着色的感光剂(光催化剂)。光催化剂有盐、金属、半导体(如 TiO_2)和光合染料等。

催化剂采用半导体时,制氢工艺称为半导体光催化分解水制氢。1972 年日本东京大学利用 n 型 TiO_2 半导体作阳极,Pt 作阴极制成太阳能光电化学电池,实现了光分解水制氢,引起世界各国的重视。在阳光照射下,光电材料 TiO_2 吸收光能而激发,在两电极之间产生电动势,电路连通时产生电流,使水发生电解。图 8.2 显示了在光和半导体光催化剂(以 TiO_2 为例)的共同作用下实现上述化学反应的过程。TiO_2 为 n 型半导体,其价带(VB)和导带(CB)之间的禁带宽度为 3.0 eV 左右。当受到能量相当或高于该禁带宽度的光辐照时,半导体内的电子受激发从价带跃迁到导带,从而在导带和价带分别产生自由电子和电子空穴。水在这种电子 – 空穴对的作用下发生电离,生成 H_2 和 O_2。TiO_2 表面所负载的 Pt 和 RuO_2 加速自由电子向外部的迁移,促进氢气的产生。

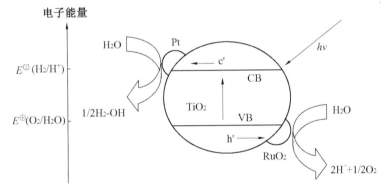

图 8.2 TiO_2 光解水的反应机理

由于 TiO_2 半导体的禁带宽度大于 3.0 eV,只能吸收紫外光或近紫外光,制氢效率很低(0.4% 左右)。对半导体材料敏化或采用禁带宽度在 1.3 ~ 3.0 eV 的半导体作电极,如 CdS、CdSe、GaAs 等可以提高制氢效率。敏化的方法包括染料敏化、掺杂敏化、涂层敏化等。例如,TiO_2 半导体在 430 μm 波长处有一个吸收高峰,添加曙红染料后在 530 μm 波长处又出现一个吸收高峰。如果在 TiO_2 中掺杂 Cr、Al,光谱响应可以扩大到可见光区,制氢效率可以提高到 1.3% 左右。

利用半导体光催化分解水制氢是一种比较现实的技术,由于利用了太阳能,具有美好的发展前景。需要解决的关键问题是提高太阳能的转换效率。

单纯的光化学分解制氢效率非常低,利用碘对光敏感的特性,将光化学与电解制氢结合起来的混合制氢循环系统,可以提高制氢的效率。其反应式为

光照射 $\qquad 2FeSO_4 + I_2 + H_2SO_4 \longrightarrow Fe_2(SO_4)_3 + 2HI \qquad$ (8.18)

加热 $\qquad\qquad\qquad\qquad 2HI \longrightarrow H_2 + I_2 \qquad\qquad$ (8.19)

电化学反应 $\quad Fe_2(SO_4)_3 + H_2O \longrightarrow 2FeSO_4 + H_2SO_4 = 1/2O_2 \qquad$ (8.20)

8.1.5　高温气冷堆核能制氢

制氢一般需要高温条件,利用高温气冷堆产生的高温,将高温气冷堆与制氢系统耦合是制氢的一个新方向,如图8.3所示。

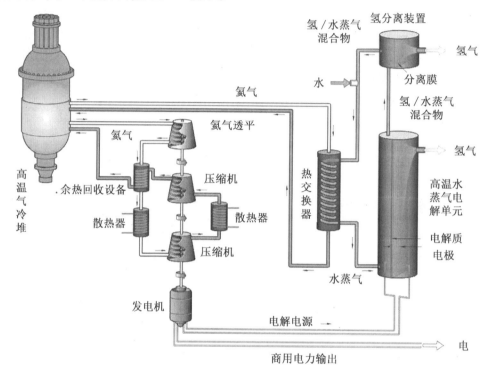

图8.3　高温气冷堆与制氢系统耦合

1. I - S 循环制氢

热化学循环分解水制氢是比较有前途的方法,其中美、日、中、韩等国家对 I - S(碘硫)循环制氢开展了大量的研究工作。如图8.4所示,I - S 循环制氢的反应包括三个步骤:

(1)Bunsen 反应(27 ～ 127℃)
$$SO_2 + I_2 + 2H_2O \rightleftharpoons H_2SO_4 + 2HI \tag{8.21}$$
(2)硫酸分解反应(847 ～ 927℃)
$$H_2SO_4 \rightleftharpoons SO_2 + 1/2O_2 + H_2O \tag{8.22}$$
(3)氢碘酸分解反应(127 ～ 727℃)
$$2HI \rightleftharpoons I_2 + H_2 \tag{8.23}$$

硫酸分解在847℃以上进行,热源由高温气冷堆提供。I - S 循环过程为闭式循环,不断加入水,其他物质循环使用,理论制氢效率达到 52%,高于一般制氢工艺的24% ～ 35%。

由于硫酸分解需要较高的温度,因此使得能与其耦合的反应堆的类型受到限制,为

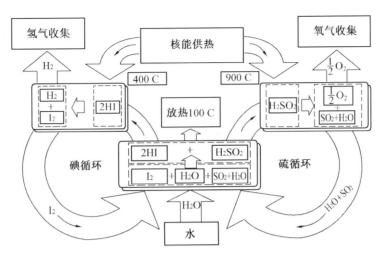

图 8.4　I–S 循环制氢过程

了能够与出口温度低的其他核反应堆耦合,美国阿贡实验室研究了低温 Cu–Cl 循环,循环包括 3 个热反应和 1 个电化学反应

$$430 \sim 475℃:2Cu + 2HCl \longrightarrow 2CuCl + H_2 \tag{8.24}$$

$$25 \sim 75℃:4CuCl \longrightarrow 2CuCl_2 + 2Cu(电化学) \tag{8.25}$$

$$350 \sim 400℃:2CuCl_2 + H_2O \longrightarrow CuO \cdot CuCl_2 + 2HCl \tag{8.26}$$

$$530℃:CuO \cdot CuCl_2 \longrightarrow 2CuCl + 1/2O_2 \tag{8.27}$$

I–S 循环以及 Cu–Cl 循环需要解决的问题是管路设备的腐蚀问题,而含硅陶瓷材料的 SiC、Si–SiC、Si$_3$N$_4$ 等都表现出了良好的抗硫酸腐蚀性。

2. 高温堆电解制氢

直接电解水、碱性电解水等是低温电解,靠电能来实现水的分解。如果在高温下电解水蒸气制氢,就可以减少电能的需求。例如,在 1 000℃ 下电解,电能需求就降低到大约 70%,其余 30% 由热能提供;大大降低电解池的极化损失和欧姆电阻;加快电极反应动力学。将高温气冷堆与电解水组合,可以达到这一目的。高温电解的电解反应是

阴极　　　　　　　　　$2e + H_2O \longrightarrow H_2 + O^{2-}$　　　　　　(8.28)

阳极　　　　　　　　　$O^{2-} \longrightarrow 1/2O_2 + 2e$

　　　　　　　　　　　$H_2O \longrightarrow H_2 + 1/2O_2$　　　　　　　　(8.29)

高温电解是固体氧化物燃料电池(SOFC)的逆运行,设备称为固体氧化物电解池(SOEC),材料组成与 SOFC 相同。SOEC 的阴极(氢电极)采用 Ni/YSZ 材料,电解质为氧化钇稳定的氧化锆(YSZ),阳极(氧电极)采用锶掺杂的锰酸镧(LSM)。在电解过程中,在阴极发生还原反应得到氢气,形成的氧离子通过 YSZ 电解质迁移到阳极,并在阳极释放电子,形成氧气。高温电解的电解效率可接近 100%,总的制氢效率接近 50%。

制氢的方法很多,所需的能源有电能、热能、光能、辐射能,而电能和热能可以依靠化石燃料能、核能、水力能、风能、太阳能、生物质等提供。作为清洁能源,核能、太阳能和生物质能制氢更具有意义。太阳能制氢技术与其他制氢技术相比,存在的主要问题

是效率低,而且太阳能制氢是目前太阳能多种利用技术中最不成熟的技术,还有漫长的研究之路需要走。

8.2 储氢材料

常规的储氢方式有液态氢和压缩气态氢。经过压缩的氢能够存储在压缩气瓶内,但是与汽油和柴油等液态燃料相比,单位体积气态氢所包含的能量相对较少。当温度很低时,氢可以被压缩成液态,但是这种存储方法需要特殊制造的存储瓶,以保证氢始终处于低温。

用来存储天然气燃料的压缩气瓶为不锈钢材料制成,它可以承受的压力为 20 MPa,而存储气态氢所需要的压力大约为 20 ~ 30 MPa,目前正在研究复合材料高压气瓶,其衬套为钢或铝,可以用来存储气态氢或液态氢。

用高压钢瓶储氢必须先将氢气压缩,为此需消耗较多的压缩功。一般一个充气压力为 20 MPa 的高压钢瓶储氢质量占只 1.6%;供太空用的钛瓶储氢质量也仅为 5%。为提高储氢量,目前正在研究一种微孔结构的储氢装置,它是一微型球床。微型球的壁薄(1 ~ 10 μm),充满微孔(1 ~ 10 μm),氢气储存在微孔中。微型球可用塑料、玻璃、陶瓷或金属制造。

以液态方式储藏氢更有效、更经济,这是因为液态氢的含能量远大于气态氢。将氢气冷却到 -253℃,即可呈液态,然后,将其储存在高真空的绝热容器中。液氢储存工艺首先用于宇航中,其储存成本较贵,安全技术也比较复杂。高度绝热的容器是目前研究的重点,现在一种夹层充满中空微珠的绝热容器已经问世,这种二氧化硅的微珠导热系数极小,其颗粒又非常细,可完全抑制颗粒间的对流换热。加入少量的镀铝微珠(一般约为 3% ~ 5%)可有效地切断辐射传热。这种新型的热绝缘容器不需抽真空,其绝热效果远优于普遍高真空的绝热容器,是一种理想的液氢储存罐。美国宇航局已广泛采用这种新型的储氢容器。

国外已经设计出专为小汽车和公共汽车使用的小型真空绝缘存储瓶,其体积为 100 L,由 30 层铝箔层组成,并由塑料箔分隔;最新设计的氢存储瓶容量达到了 600 L,它由 20 ~ 30 层绝缘铝箔构成。这两种氢存储瓶能够保证液态氢的蒸发速率低于 1%,有效减少挥发损失。

由于高压气储运及液态氢储运方式存在着不安全、能耗高、储量小、经济性差等缺陷,最有前景、安全经济的氢气储运方式是用储氢材料进行储氢。金属氢化物储氢密度比液氢还高,氢以原子态储存于合金中,当它们重新放出来时,经历扩散、相变、化合等过程,不易爆炸,安全程度高。储氢材料的研究是目前较受重视的应用项目。以金属储氢为例,元素周期表中的多数金属都能与氢反应,形成金属氢化物,并且反应比较简单,只要控制一定的温度和压力,金属和氢会发生反应

$$M + H_2 \Longleftrightarrow MH_2$$

式中,M 表示金属元素,反应为可逆反应,反应方向由氢气的压力和温度决定。若反应

向右进行,称为氢化反应,属放热反应;若反应向左进行,称释氢反应,属吸热反应。在氢气的吸储和释放过程中,伴随着热能的生成或吸收,也伴随着氢压的变化,因此,可利用这种可逆反应,将化学能(H_2)、热能(反应热)和机械能(平衡氢压)有机地结合起来,构成具有各种能量形态转换、储存或输运的载能系统。

采用储氢材料吸储氢并保存氢,一个更重要的优点就是当释放氢气时,氢气的纯度可达99.9999%。与传统高压氢气和液态氢相比,储氢材料的技术具有如下优点:

(1) 设备紧凑,便于储存和运输;

(2) 不需要高压或绝热措施,易操作;

(3) 储氢条件容易实施,安全;

(4) 能长期保存;

(5) 可释放高纯度氢。

作为有应用价值的储氢材料应具备的基本条件是:储氢量大;吸放氢速度快,有较好的动力学行为;有较理想的吸放氢等温线,吸放氢平台平且宽,在室温附近平台压力在 10 kg/cm^2 上下。此外,材料易得、价格便宜、性能稳定,经长期吸放氢循环运作储氢能力不明显下降。

国际能源署提出的储氢目标,要求在存储中氢的质量分数大于5%,体积密度大于50 kg/m^3,能够释放氢气的温度不能高于150℃,而储氢材料的充气放气循环次数要超过1 000次。对于一般的汽车来说,拥有 0.05 m^3 的存储空间,需要存储3.1 kg氢,可以让家用轿车行驶500 km。

8.2.1 金属基储氢材料

某些金属或金属基合金材料具有储氢特性,这些材料在一定温度和压力条件下可以吸收氢,又可以逆向释放氢。其中金属基材料储氢性能较好,如在 LaNi$_5$H$_{6.7}$ 和 TiFeH$_{1.95}$ 合金氢化物中氢原子的密度分别为 76×10^{22} 和 5.7×10^{22} 个原子/cm^3,比 20 K 液态氢的密度 4.2×10^{22} 个原子/cm^3 还要大。因此,用金属基材料作为载体储存和运输氢是解决氢广泛应用"瓶颈"问题的方法之一。金属基储氢材料按其组成可分为如下几大类:

(1) 单质金属

金属 Pd 储氢性能极好,通常情况下,1 体积 Pd 可吸收 800 体积氢。其他金属如 V、Nb、Zr、Hf、Ti 等也都能储氢,但性能远不如 Pd。

(2) 二元或三元金属合金

由于 Pd 有极好的储氢性能,所以人们研究了许多 Pd 基二元或三元合金体系,如 Pd – Ag、Pd – In、Pd – Nb、Pd – Ta、Pd – V、Pd – Ni、Pd – Ni – Ag、Pd – Cu – Ag 等。

(3) 具有六方晶系 AB$_5$ 结构的合金

此类体系的合金有 LaNi$_5$、CaNi$_5$ 等。

(4) 三元取代六方晶系 AB$_5$ 结构合金

此类体系的合金有 LaNi$_{5-x}$Mn$_x$、LaNi$_{5-x}$Al$_x$ 等。

（5）TiFe 基多元合金

如 $TiFe_{1-x}Mn_yA_z(A—Al,Cr,V,Zr)$ 等。

（6）含杂（非金属）合金

如有 Pd—Si、Pd—B、Pd—C、Pd—P、Ti—P 等。

（7）轻金属合金

就储氢质量分数而言,Mg 有最高的储氢能力（质量分数为 7%）,但它有两个显著缺点:

①Mg – H 反应动力学行为差;

② 在通常条件下氢化过程不可逆。

为获得可利用的轻质储氢材料,人们把研究重点放在镁基合金体系上。研究发现 La_2Mg_{17} 和 $LaMg_{12}$ 合金材料都有相当高的储氢能力,储氢质量分数分别为 4% 和 4.5%。但它们存在的明显不足是吸收氢速度太慢,比 $LaNi_5$ 慢 10 倍。为了改善其储氢的动力学行为,人们合成并研究了具有通式 $La_2Mg_{17-x}x\%$ $LaNi_5(x=10,20,30,40)$ 的新型复合材料。材料在 360℃ 和 33 kg/cm² 氢压下活化,其中 $La_2Mg_{17-10}x\%$ $LaNi_5$ 在 400℃ 有最佳储氢能力,储氢质量分数为 5.24%。这是至今所知储氢能力最高的材料。由于 $LaNi_5$ 的存在,La_2Mg_{17} 氢化的动力学行为得到显著改善,速度约为其单独存在的 3 ~ 4 倍。如果其储氢动力学行为能有更大的提高,它将是最有希望的储氢材料。

8.2.2　纳米储氢合金

纳米材料由于具有量子尺寸效应、小尺寸效应及表面效应,呈现出许多特有的物理、化学性质,已成为物理、化学、材料等诸多学科研究的前沿领域。储氢合金纳米化后同样出现了许多新的热力学、动力学特性,如活化性能明显提高,具有更高的氢扩散系数和优良的吸放氢动力学性能。纳米储氢合金是镁基等高容量储氢合金实用化和大幅度提高储氢合金综合性能的有效途径。

纳米材料的制备方法虽然非常多,但制备方法对其性能的影响较大。储氢合金纳米颗粒的制备是储氢合金纳米化研究的基础,理想的纳米颗粒应满足以下要求:

（1）颗粒尺寸小且成单分散;

（2）无团聚;

（3）外形接近球型;

（4）材料成分可控制。

储氢合金的特性可分为表面特性与体相特性,如分解氢的能力、耐氧化、耐腐蚀的能力为表面特性,而储氢量、氢扩散速度则为体相特性。只有体相与表面性能达到最佳的合金才是较为完美的储氢合金。于是便有了综合两种合金优点的复合材料。

纳米颗粒由于其巨大的比表面积和高的表面能,再加上纳米粉体中的团聚现象,直接由纳米颗粒制备出块状材料使用,块体的压实密度低,颗粒间接触性能不好,无法充分发挥纳米材料的优势。而将纳米颗粒与微米级、亚微米级粉体混合,得到的纳米复合材料（或梯度材料）的性能可以充分发挥纳米材料性能的优越性,又可以降低材料的成本。

8.2.3 碳纳米管储氢

关于石墨、碳纤维、石墨纳米纤维、单壁碳纳米管、多壁碳纳米管和富勒碳混合物的储氢特性的试验与理论研究已广泛展开。这些研究表明，碳纳米材料的储氢量受其孔分布和实验温度与压力的影响较大。

氢气可在碳管内以更高的密度存储，但需要两个条件：一是氢分子间的斥力被屏蔽，二是更多的氢气被单壁碳纳米管的外表面和（或）管束之间的空间吸收。经推算纯净的单壁碳纳米管的吸氢能力为5%～10%，这是理想状况下紧密排列的氢分子填充管内的量的2.5～5倍，直径在1.63～2 nm的单壁碳纳米管的储氢量可接近美国能源部车用储氢技术的标准：重量储氢密度大于6.5%。

有报道单壁碳纳米管对氢的吸附量比活性炭大得多，其吸附热也约为活性炭的5倍，而且碳纳米纤维有可能对小分子氢显示超常吸附。

单壁碳纳米管通常集结成束，不仅内腔可以吸附氢分子，管与管之间形成的通道也是很强的吸附位，并且可以通过改善其晶体结构和进行适当的表面处理来提高储氢量；多壁碳纳米管对氢气的物理吸附位同单壁碳纳米管不同，其吸附位包括管内腔、层间及管外壁。目前，在碳纳米管储氢特性的研究中，除了大量的实验工作外，还开展了基于MonteCarlo方法的分子模拟与理论计算。这些理论计算通过适当选择特殊孔结构中碳－碳、氢－氢、碳－氢之间作用势，采用统计热力学方法对最终碳氢系统的平衡态进行分子模拟，从而研究碳纳米管的储氢特性，不过主要的研究对象还仅限于单壁碳纳米管。对于多壁碳纳米管，其中不仅包括圆柱孔（管腔），也包括类狭缝孔（在层间由曲面管壁形成，不同于由平面石墨层片形成的狭缝孔），在模型构建与数据处理方面有很大的难度。如果不考虑分子之间的作用势，可以对多壁碳纳米管的储氢性能进行粗略的估算。多壁碳纳米管的层间距为0.343 nm，氢分子的动力学直径为0.289 nm，将氢分子在一定结构的碳纳米管中进行密排，可估算出这些孔结构中理论上的"最大储氢量"。理论值是假设氢分子在碳纳米管中密排而得到的最大值，由于氢分子－氢分子、氢分子－碳原子间存在排斥力，所以真实的储氢量应该小于以上的估算。

由于碳纳米管大的比表面及内部的大的空腔使碳纳米管能吸附大量的氢，而高储氢量、低质量密度和化学稳定性又令其在未来的车用储氢系统中有良好的应用前景。

8.2.4 空心玻璃微珠储氢

低温高压储氢费用高、安全性差。金属氢化物、碳纳米管储氢存在释放困难的问题，利用空心玻璃微珠储氢具有成本低、释放容易、易于循环使用的优点。将空心玻璃珠置于高压氢气中，加热一定温度时H在玻璃中扩散系数增大，H进入空心，室温条件下扩散系数较低，氢气滞留在玻璃微珠内部，微小的玻璃球体可耐100 MPa的氢气压力。当温度升高到一定值时，H便容易释放出来。

当硅酸盐玻璃掺杂Fe、Co、Ni，用近红外光照射时，氢在玻璃中的扩散系数增大，因此可以用光照释放氢，通过控制光强度可以控制H的释放速率。图8.5为空心玻璃微

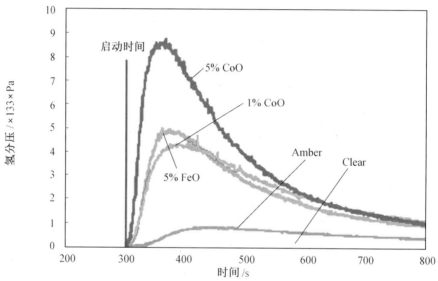

图 8.5 空心玻璃微珠和不同成分玻璃微珠 H 释放曲线

珠和不同成分玻璃微珠 H 释放曲线,从图中可以看出对不同玻璃,光诱导释放 H 的启动时间基本相同,在 300 s 左右;加 5% CoO 的玻璃有更快的释放速率。

8.2.5 储氢材料分离和提纯氢

获得高纯度氢的方法一般有吸收法、吸附法、深冷分离法、扩散法和膜分离法等。吸收法可处理大量的气体,但所得的氢气纯度不高。深冷分离法比吸收法所得的氢气纯度高,但提氢规模小。扩散法与膜分离法也受到规模的限制。近年来,采用活性炭、分子筛、活性氧化铝的加压变压吸附法、高分子膜或钯合金膜的精制提纯法,虽然比超低温操作有利,但是需要特殊催化剂和贵金属,成本也较高。因此研究一种新方法,用储氢材料来分离、精制和提纯,已受到各方面的重视。

功能储氢材料与氢进行的氢化反应对氢具有高度的选择性,即当含氢混合气体与储氢材料接时,只有氢能发生氢化反应,而其他气体不与储氢材料反应。利用这一特点可实现氢的分享和提纯。

将含有氧的氢气导入反应器,由于储氢材料表面的化学吸附,一部分氧会形成氧化物或氢氧化物,其余的氧几乎都与氢发生反应而生成水。氮仅仅有一部分在材料表面被物理吸附,大部分在反应器空间聚集。当表面氧的浓度较高时,由于氧化作用,使氢的吸储和释放速度降低,所以,当利用储氢材料 $M_m Ni_{4.5} Al_{0.5}$ 分离和精制氢时,氧浓度应控制在 1 000 ppm 以下。

8.2.6　储氢材料的蓄热功能

热能在能源结构中占据很大比例,余热、废热带走的能量十分可观。然而,热能是一种难以储存、输送的能量形态,只有将其转换为其他能量形态,才能发挥巨大的效益。其中储氢材料在热能储存和转换系统的应用十分引人注目。

1. 氢化反应型储热装置

氢化反应型储热装置,采用两种相互配合的储氢材料(或金属氢化物) M_1 和 M_2。将 M_1 置于储热槽中,将 M_2 置于储氢槽中。当外部热源加热 M_1 时,氢化物分解而释放出氢;氢气进入储氢槽被 M_2 吸储,实现了热能向化学能的转换,以 M_2H 的形态储存。当需要热能时,可将 M_2H 加热而释放氢,由于氢的平衡分压比 M_1 的高,就会进入储热槽,与 M_1 反应而放出热量。此反应具有显著的可逆性,反应速度快,反应热量大。

日本化学技术研究所的储热槽,将 6.27 kg 的 Mg_2Ni 装填在 19 根管束中,储热容量达 8.37 MJ,可回收 300 ~ 500℃ 工业废热或间歇式反应器的余热,具有明显的节能效果。

日本三洋电机开发了热管式储热槽,可利用太阳能长期储热。热管直径20 mm,长660 mm,分别装填 3.5 kg 的 $CaNi_5$ 和 $LaNi_5$,控制氢的流量为 1.5 L/min,热回收率可达80%。

2. 储氢材料的热泵系统

氢化物储氢材料及其热泵、空调的原理是通过氢气与储氢材料之间的可逆化学反应,通过交替加热与冷却,实现低压进气、高压排气的压缩机功能,实现加热或制冷的目的。

(1)储氢材料的选择与应用

目前,该类型的空调、热泵、制冷机组仍采用合金作为储氢材料。一般认为,合金的选取依赖于各个合金的特性,如优良的传热传质性能、稳定且平直的吸放氢平台、较小的滞后效应。同时,高温侧的合金的压力范围应覆盖低温合金的压力范围,保留一定的压力差以保证有较大的吸氢量。

(2)合金性能的改进

储氢材料形成氢化物以后,易于粉末化引起传热效率降低,导热率降至0.3 ~ 0.5 W/m·K,成为金属氢化物空调进入实用化的一大障碍。多孔压块、填充泡沫进金属中、添加金属粉末等方法可以提高热导率。

80℃左右的工业废热一般都被抛弃。若用吸收式热泵,仅能使升温幅度为20 ~ 30℃;如果采用储氢材料型热泵,其升温幅度可达40℃以上,能获得120℃以上的蒸汽。美国、日本、德国、瑞典等国都积极研究储氢材料型热泵。

3. 太阳能空调

储氢材料制备太阳能空调的原理是,把太阳光照射在含有氢化物的控制板上,板吸热后分离出氢气,氢气沿着特制的管道进入储存器中,完成吸热过程。在设计样机时,提高容器与内部氢化物的传热,是该空调与制冷机组进入实用化的关键。其途径是增大传热面积,缩短传热距离,同时兼顾到减小储氢材料对容器的膨胀应力。

太阳能与储氢材料结合制备的空调系统,可以彻底消除氟利昂对环境的污染,国内外同类研究的样机已达到了良好的工作效率,如果能够进一步开发性能优良、运转寿命长的储氢材料,该系统有可能进入实用化阶段。

储氢材料为热能的储存、输送和转换创造了条件,但是需要解决的问题还有很多,如储氢材料的吸储氢量,希望提高到1.5% ~ 3.0%以上;影响储氢材料循环寿命的粉末化衰退机理,须从热力学、晶体学加强基础研究;储氢材料的导热系数需要提高;储氢合金的成本太高,宜选择成本较低的原材料及优化配方设计,以降低成本。

参考文献

[1] 顾忠茂. 氢能利用与核能制氢研究开发综述[J]. 原子能科学技术,2006, 40(1):30-35.

[2] EDWARDS P P,KUZNETSOV V L,DAVID W I F. Hydrogen and fuel cells:Towards a sustainable energy future[J]. Energy Policy,2008,36:4356-4362.

[3] BIELMANN M,VOGT U F,ZIMMERMANN M,et al. Seasonal energy storage system based on hydrogen for self sufficient living[J]. Journal of Power Sources,2011, 196:4054-4060.

[4] 张平,于波,徐景明. 核能制氢技术的发展[J]. 核化学与放射化学,2011, 33(4):193-202.

[5] ERDLE E,DOENITZ W,SCHAMM R,et al. Reversibility and polarization behavior of high temperature solid oxide electrochemical cell[J]. Int J Hydrogen Energy, 1992,17:817-821.

[6] SUPPIAH S,STOLBERG L,BONIFACE H,et al. Canadian nuclear hydrogen R&D programme:Development of the medium-temperature Cu-Cl cycle and contribution to the High-Temperature Sulphur-Iodine cycle,The Fourth Information Exchange Meeting of Nuclear Production of Hydrogen[J]. Oak brook,Illinois,USA: OECD/NEA,April 2009,13(16):77-86.

[7] 毛宗强. 氢能:21世纪的绿色能源[M].北京:化学工业出版社,2005.

[8] 王荣明. 储氢材料及其载能系统[M].重庆:重庆大学出版社,1998.

第9章 新型锂离子电池及材料

电池经过 200 余年的发展,已经成为人们生活中不可缺少的用品,如手机、数码相机、电子表、笔记本、ipad 等使用的便携电池。在工业领域,电池同样扮演着重要的角色,如汽车、航空航天设备、机械制造设备等。随着新能源技术的发展和节能减排的要求,大规模电池储能和电动车电池为电池的发展提供了更广阔的空间。

电池的种类繁多,最通俗的分类是按照工作性质和储存方式划分,分为一次电池和二次电池。一次电池即原电池(俗称干电池),是放电后不能再充电使其复原的电池;二次电池又称可充电电池,电池放电后可通过充电的方式使活性物质激活而继续使用,充放电循环可达数千次到上万次,相对一次电池而言更经济实用。

二次电池的应用领域主要在三个方面,一是日用电子产品的便携电源;二是储能装置,由多个单电池构成电堆,储存清洁能源技术产生的电能;三是动力电池,供电动车、自行车以及空间、军工装置使用。

目前二次电池主要包括铅酸、镍氢(Ni/MH)、镍镉、锂离子等电池,二次电池总体发展趋势是具有高比能量、长循环寿命、高安全性、符合环保要求等。锂离子电池是高性能电池的代表,与其他的二次电池相比具有储能密度高、功率密度大、安全性好、环境友好、寿命长、自放电率低等优点。本章重点介绍新型锂电池(包括锂离子二次电池、锂硫电池和锂空气电池)的材料、应用和发展趋势。

9.1 锂离子电池工作原理

锂离子二次电池(LIB)是 20 世纪末迅速发展起来的新一代高性能二次电池,被认为是最近 20 年最成功的电化学储能装置。以 $LiCoO_2$ 为正极、碳或石墨材料为负极的 LIB 工作原理,以及圆柱形电池结构如图 9.1 所示。LIB 电池实际上是一种锂离子浓度差电池,电极由两种不同锂离子嵌入化合物组成。充电时,锂离子从正极脱嵌,通过电解质和隔膜,嵌入负极中,从而使负极处于富锂离子态,正极处于欠锂态。而放电时,锂离子从负极脱嵌经过电解质进入正极。由于在充放电过程中锂离子在正负极之间往返嵌入和脱嵌,因此 LIB 电池被形象地称为"摇椅电池"(Rocking chair battery)。

典型的 $LiCoO_2$ 为正极、碳为负极的 LIB 电池反应为:

正极反应 $$LiCoO_2 \longrightarrow CoO_2 + Li^+ + e \tag{9.1}$$

负极反应 $$6C + Li^+ + e \longrightarrow LiC_6 \tag{9.2}$$

电池反应 $$LiCoO_2 + 6C \longrightarrow CoO_2 + LiC_6 \tag{9.3}$$

由于锂离子从碳晶格中脱嵌发生在接近金属锂的电极电位,而 $LiCoO_2$ 正极反应的电极电位相对于锂为 4 V,电池的工作电压在 3.7 V 左右。

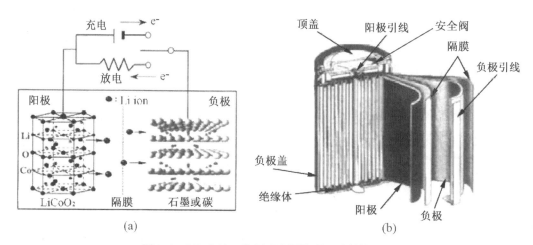

图9.1　LIB电池工作原理和圆柱形电池结构图

表9.1列出普通的Ni/MH、LIB及Ni/Cd电池的性能比较,可以看出LIB突出的优点是比能量高、循环寿命长、工作电压高。图9.2给出四种二次电池的比能量和发展趋势。与Ni/MH相比,LIB无记忆效应,不需要将电放尽后再充电;LIB自放电小,每月在10%以下,而Ni/MH电池自放电一般在(30 ~ 40)%/月。

表9.1　普通的Ni/MH、LIB及Ni/Cd电池的性能比较

技术参数	Ni/Cd	Ni/MH	LIB
工作电压/V	1.2	1.2	3.7
质量比能量/Wh·kg	30 ~ 50	50 ~ 70	100 ~ 150
体积比能量/Wh·L	150	200	270
充放电寿命/次	500	500	1000

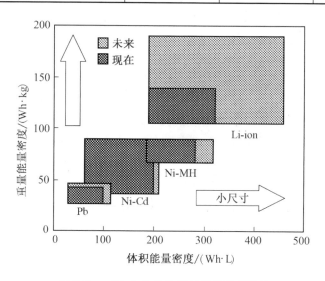

图9.2　二次电池的比能量及其发展趋势

9.2　锂离子电池的发展趋势

锂同时具有两个独特的性质,即同时具有最低的标准电极电位($-3.045\ V$)和最低密度的金属元素($0.534\ g/cm^3$)。前者性质使它的负电位和一个正极相匹配时就转化成了高的电池电压,而后者性质使它作为负极具有极高的比容量($3.86\ Ah/g$),因此锂负极电池的研究开发在20世纪60年代末受到极大重视。到了70年代初,各种高比能量的锂原电池相继问世,其中金属锂为负极、层状化合物MnO_2为正极、有机电解液作为电解质的锂原电池得到广泛的应用。

在对锂原电池正极材料的研究中,人们发现锂离子可以在过渡金属氧化物、硫化物的晶格中嵌入或脱出。利用这一原理,70年代末期开发出锂为负极、TiS_2或MoS_2为正极的二次电池。加拿大Moli公司在1988年开始大规模生产和销售Li/MoS_2二次电池,但是1989年一用户在使用对讲机时,机上的Li/MoS_2电池突然发生短路引起电池过热和爆炸,烧伤用户的面颊,致使公司收回所有售出的电池,停止了Li/MoS_2电池的生产。研究分析结果表明,金属锂电极在充放电过程发生枝晶生长,形成了树枝状沉积物,导致电池内部短路,从而引起着火和爆炸。

为了解决锂枝晶生长问题,1990年日本Sony公司开发出碳材料替代锂负极,以高电位的$LiCoO_2$作正极,电池的循环性能和安全性能得到大幅度提高,从此LIB电池进入实用化时代。

1990年Dahn和他的工作组提出了基于碳材料负极的锂嵌入化学及其过程中电解液溶剂作用的基本理论:

(1) 电解液溶剂在碳负极上还原分解,并且其分解产物在负极表面形成了一层保护性的膜,它能阻止电解液溶剂的进一步分解,这层膜是离子传导而电子绝缘的。

(2) 这个还原分解过程仅仅发生在首次充电过程中,所以碳材料负极能够在电解液中长期地循环并且保持相对稳定的容量。

(3) 电解液溶剂的化学结构严重影响着保护膜的本质特性,其中碳酸亚乙酯(EC)作为溶剂的主要成分能保护碳材料(石墨)的高度晶体结构。

这些理论构建了当前锂离子电池工业的基础,并揭示了在碳材料负极上所形成的膜对于锂离子电池的可逆运行起着至关重要的作用。Dahn和他的工作组采用金属锂表面钝化作用的模型,将在碳材料负极表面上的这层膜命名为"固态电解质界面"(SEI)。SEI很快成为锂离子技术研究的文献关键词,并且被广泛深入地研究至今。此理论发表之后,有关锂离子技术的研究呈现了爆炸性的增长趋势。近十余年国内锂离子电池的产业化遍地开花,新的高性能材料不断涌现,锂电池的研究已经成为物理、化学和材料学科最热门的领域之一。

LIB电池的研究开发工作主要是开发新型高性能材料,以提高电池性能、提高安全性、开发高容量电池,以期在电动车上使用。由于LIB电池具有比能量高、质量轻等优点,在航天、航空等尖端领域有较好的应用前景。

LIB 电池材料主要是正极材料、负极材料、隔膜和电解质材料,理想的电池材料应具备下列条件:

(1)正负极电位差大,即负极脱嵌锂反应的电极电位相对锂要低,正极则要高;

(2)Li 嵌入反应的吉布斯自由能改变量小,锂离子的嵌入量对电极电位的影响小,确保电压稳定;

(3)锂离子扩散系数大,具有良好的电子导电性,以提高工作电流;

(4)正负极与电解质有好的热稳定性和化学兼容性;

(5)材料成本低,加工容易,符合环保需要。

9.3 锂离子二次电池负极材料

图9.3 为充放电过程负板结构变化示意图。负极脱嵌锂的机制有三种:

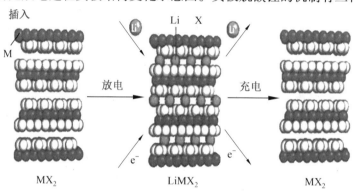

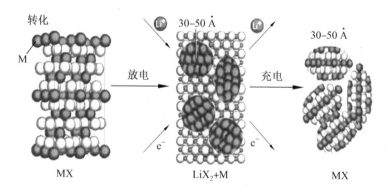

图9.3 充放电过程负极结构变化

(1)锂插入负极材料的层间,如石墨和 $Li_4Ti_5O_{12}$(LTO)等层状材料;

(2)合金化,锂合金形成的反应通常为可逆,因此能够与锂形成合金的金属,理论上都能够作为锂离子电池负极材料;

(3)取代反应,主要是氧化物材料,可逆反应为

$$MO + 2Li^+ + 2e \Longrightarrow M + Li_2O$$

理想的负极材料应具有电位低、比容量高、密度大(包括振实密度、压实密度)、安全性好、低温性能好、长寿命和能量效率高等特点。从研究上看,LIB 负极材料经历了从金属锂到锂合金、碳材料、氧化物、纳米合金和硅磷的研发过程,其中目前市场上广泛应用的是碳材料。从表 9.2 可以看出相对于嵌入脱出机理,合金化或取代反应的活性材料将提供高的比容量。

表 9.2 LIB 负极材料演变过程

负极材料	金属锂	锂合金	碳材料	氧化物	纳米合金	硅
容量 /mAh·g	3 400	790	372	700	2 000	4 200
年代	1965	1971	1980	1995	1998	2004

9.3.1 金属锂负极的改进

金属锂的表面形态对枝晶的形成、充放电效率和循环寿命有较大影响,因此锂负极的改进主要集中在加入添加剂以改进锂的表面形态。

(1)形成 SEI

在锂负极、有机溶剂电解质的电池中,锂与有机电解质溶剂反应形成以 Li_2CO_3 为主的 SEI。SEI 对 Li^+ 扩散有一定阻碍作用,SEI 的形成是初次充放电不可逆容量损失的一个原因,但 SEI 的存在提高了负极的稳定性。利用 CO_2 氧化法在 Li 电极表面预先形成一层 Li_2CO_3,与电池充放电过程形成的 Li_2CO_3 相比,结构更致密和稳定,电池循环性能得到提高。

(2)电解质中加入 HF

锂与电解质溶液反应形成以锂盐、LiOH、Li_2O 为主要成分的表面膜,它一方面传递锂离子,一方面阻止内部锂与电解质进一步反应。加入 HF 后,外层的表面膜与 HF 反应形成组织均匀的 LiF 层,能有效地防止枝晶的形成,提高电池的循环性能和充放电效率。

(3)加入无机离子和碘化物

电解液中的无机离子如 Mg^{2+}、Zn^{2+} 等在锂的沉积过程中发生还原反应,形成锂合金,从而钝化锂的活性,有利于防止枝晶的形成。电解液中加入 SnI_2 后,循环性能明显提高,原因还不十分清楚。

(4)加入有机添加剂

从研究结果看,提高循环寿命和充放电效率效果最好的添加剂是联砒啶类有机物。其原因一般认为是有机化合物附着在金属锂表面,降低了表面的锂离子传递阻抗。

(5)锂负极的表面处理

其中包括降低锂表面粗糙度、锂表面加碳粉以及涂覆有机表面活性剂等。

9.3.2 碳负极材料

1. 石墨和热解炭

负极碳材料包括石墨(天然和人造石墨)、硬炭(热解炭)、软炭(焦炭)以及经石墨化处理的碳纤维。图 9.4 为三种碳材料的结构。石墨是典型的层状结构,层内的碳原子以 sp^2 杂化轨道与其余三个碳原子相连,形成六元环平面,层间的作用力是范德华力。石墨有六方和菱形两种结构,六方石墨以 ABAB 形式堆垛,层间距为 0.335 4 nm;菱形石墨以 ABCABC 形式堆垛,C 面分别与 A、B 面错开六角形对角线的一半,层间距和平面上的碳原子间距与六方石墨相同。天然石墨中一般含有 17% 的菱形石墨。

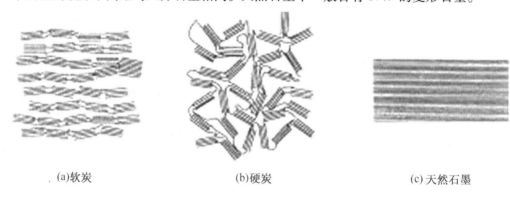

|(a)软炭|(b)硬炭|(c)天然石墨|

图 9.4　碳材料的结构

石墨的充电机理是锂离子可逆地嵌入石墨层间,形成嵌锂化合物为 LiC_6,理论电化学容量为 372 mAh/g。由于一价锂 2s 能带在整个布里渊区都处于费米能级之上,因此锂是完全离子化的,一个锂原子转移一个电子到石墨层。

石墨中菱形石墨含量增多,相界面数量和位错等缺陷就增多,锂离子可能通过这些缺陷位置嵌入石墨内,因此菱形石墨含量大的石墨材料,其电化学容量比理论值要大些。

石墨材料中一些固有的缺陷,特别是表面尖端原子容易导致电解质溶液的分解,使得可逆容量降低,因此对石墨表面进行处理,可以改善电池性能。进行表面处理的方法有气相氧化、液相氧化和保护膜法等。氧化的结果一方面减少了不稳定的尖端原子数量,消除了不稳定结构;另一方面在石墨表面形成可储锂的纳米微孔;另外可能形成 C—O 键,使其容易形成钝化膜,阻止电解液在石墨表面分解。石墨浸入 HNO_3 中氧化处理后,首次充放电可逆容量由原来的 251 mAh/g 提高到 335 mAh/g。保护膜法是将石墨浸渍某些有机物或树脂中,然后在低温下进行碳化处理,在石墨表面形成树脂炭,从而提高与电解液的相容性,以改善电池的性能。

由于锂嵌入石墨层生成的 LiC_6 的层间距(0.370 nm)比石墨层间距(0.335 4 nm)大,因此增加石墨层间距可以使锂较容易地发生嵌入和脱嵌。通常增加石墨间距的办法有:

（1）引入杂质原子

在石墨中引入 Fe、Cu 杂质原子以增大石墨的层间距。引入 Fe、Cu 后，Li 与 Fe、Cu 形成合金，可以增大容量。

（2）硫酸处理

经过硫酸处理后石墨层间距增加到 0.338 0 nm，嵌锂过程石墨体积变化小，充电过程中可以防止石墨膨胀引起的炭包覆层破裂，从而提高天然石墨的安全性能和循环性能。

锂在负极的化学扩散系数与电池功率密度有直接关系。锂离子在碳纤维中的化学扩散系数比在石墨中高 1 个数量级，容量和循环性能优于石墨。在碳纤维表面包覆 Ag、Zn、Sn 等，电池充放电反应速度明显提高；掺杂 B 后，电池容量和循环性能均可得到改善。

热解炭是通过 C—H 化合物或气体低温热解得到，低温热解的可逆容量在 400 mAh/g ~ 900 mAh/g 之间，远远高于石墨的理论容量。低温热解炭中存在弱的 C—H 键，当 Li 嵌入热解炭中，除了 Li 与 C 形成 LiC_6 外，弱的 C—H 键断开，Li 取代 H 形成 C—Li 键。相反，脱嵌时 C—H 键恢复，因此热解炭具有高的可逆容量。但是 C—H 键和 C—Li 键的变化是一个活化过程，导致电池存在电压滞后现象，另外低温热解炭还存在循环性能差的缺点。图 9.5 为几种碳材料负极的放电电压和容量，其中 C - 75 为低温热解炭，H - 10 为硬炭材料，NC 为天然石墨，GP 为高度石墨化的碳材料，可以看出低温热解炭和硬炭都具有高的放电容量。

在 C—H 化合物前驱体中加入氧化物如 V_2O_5、CoO、NiO 等，热解时氧化物起到石墨微晶成核剂的作用，减小了缺陷结构，循环性能得到提高。热解炭中引入 N、P 原子，可以提高材料的可逆容量。

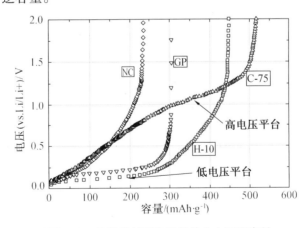

图 9.5　几种碳材料负极的放电电压和容量

2. 纳米碳材料负极

在锂离子电池的嵌锂反应中，LiC_6 一直被认为是锂碳化合物的最高组成。然而 1994 年以来超过理论容量的纳米碳材料被广泛报道，由于它具有传统碳材料无法比拟的高比容量,已成为锂离子电池负极材料的研究重点。纳米碳管由于其特殊的一维管状分子结构,锂离子不仅可嵌入中空管内,而且可嵌入到管壁间的缝隙、空穴之中,具有嵌入深度小、过程短、嵌入位置多等优点,从而有利于提高锂离子电池的充放电容量。已经证明在 6 GPa 的高压下,催化法生成的多壁纳米碳管中每个碳原子可以吸收 2 个锂原子。用化学气相沉积法制备的纳米碳管作为锂离子电池的负极时,电池容量超过石墨嵌锂化合物理论容量一倍以上,并且发现石墨化程度较低的纳米碳管容量可达 700 mAh/g,但存在 1 V 左右的电压滞后。而石墨化程度较高的纳米碳管虽容量较低 (300 mAh/g),电压滞后较小且循环稳定性明显得到改善。用以 Co/硅胶为催化剂在 900℃ 下催化分解乙炔气体得到的纳米碳管作为负极材料,首次嵌锂容量达到 952 mAh/g,但可逆容量仅为 447 mAh/g,5 次充放电循环后可逆容量减少到 273 mAh/g。拉曼光谱、X 射线衍射、高分辨电镜测试表明,锂的嵌入有多个位置。石墨层间存在着间隙碳原子,电压滞后是由于间隙碳原子的存在引起的,并且与纳米碳管的微观结构及表面的含氧基团有关。首次充放电过程中的不可逆容量损失主要是由纳米碳管表面 C—O 等基团中的氧发生还原,以及电解液分解而形成 SEI 膜引起的。进一步研究还发现纳米碳管的嵌、脱锂电位相差较大,并且电位在 0 ~ 1.0 V 锂离子都能嵌入到纳米碳管中,这说明锂离子嵌入位置并不在石墨层间的缝隙内。此外,与其他锂离子电池碳负极材料相比,纳米碳管还存在明显的双电层电容效应。

在电荷传输速率、可逆性等方面,纳米碳管电极性能有待进一步提高。影响纳米碳管的嵌锂性能的因素包括碳管形态、微观结构、石墨化程度、杂质原子和表面化学组成等。长度短、管壁厚、管径小且表面不规则的纳米碳管嵌锂容量高,可逆性也好。如果能够较好地控制纳米碳管的微观结构,消除间隙碳原子和表面基团的影响,就可以完全消除嵌锂过程中的电位滞后现象,制备出真正实用的锂离子电池负极材料。

3. 氧化物、氮化物和硅化物负极材料

氧化物负极材料以锡的氧化物(氧化亚锡、氧化锡及其混合物)性能最好,比石墨材料性能有明显的提高。普遍被人们接受的锡的氧化物可逆储锂的机理是

$$Li + SnO_2 \Longrightarrow Sn + Li_2O \tag{9.4}$$

$$Sn + xLi \Longrightarrow Li_xSn \tag{9.5}$$

锡的氧化物中加入金属、非金属元素,形成复合氧化物后,材料的循环性能得到较大改进,可逆容量达 600 mAh/g,体积比容量为 2200 mAh/cm³,循环次数在 800 次以上。锡的氧化物负极材料的缺点是存在不可逆容量损失,目前人们对这类材料的兴趣已经大大减小。

其他氧化物包括 Fe_2O_3、Fe_3O_4、$Li_3V_2(PO_4)_3$,$LiFePO_4$ 与 $LiVOPO_4$、$InVO_4$、$FeVO_4$ 和钛铀矿结构 MnV_2O_6,也具有较高的储锂容量。一些氧化物在嵌入锂后,转变为非晶结构,不能作为负极使用。图 9.6 为 MnV_2O_6 晶体结构,圆圈代表 Mn,V 位于八面体中心。要使这类材料实用化,必须稳定晶体结构,金属掺杂可能是一条途径。

如果 LIB 向低电压方向发展 (2 ~ 3 V),$Li_4Ti_5O_{12}$ 将是很有前途的负极材料。它在脱嵌锂过程组成的变化为

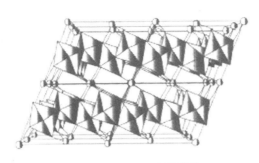

图 9.6　MnV_2O_6 晶体结构

$$Li_4Ti_5O_{12} + 3Li \longleftrightarrow Li_7Ti_5O_{12} \qquad (9.6)$$

晶格尺寸变化很小,基本上是"零应变",材料循环性能好。

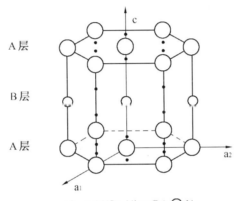

● :Li、 ○ :M(Co, Ni or Cu), ○ :N

图 9.7　$Li_{2.6}Co_{0.4}N$ 结构示意图

氮化物的研究主要源于 Li_3N 具有高的离子导电性,Li_3N 与过渡金属 Co、Cu、Ni 形成的氮化物 $Li_{3-x}M_xN$ 的结构与六元环石墨相似,由 A、B 组成层状结构,如图 9.7 所示。A 层由 Li 和 N 原子组成,B 层由 Li 和过渡金属组成。A 层中一半的锂和 B 层全部的锂可以发生可逆脱嵌。在得到的氮化物中,$Li_{3-x}Cu_xN$ 的可逆容量最大,达到 650 mAh/g。目前限制氮化物负极材料应用的因素是合成困难,烧结温度高,不易烧结致密。

硅化物的代表是 SiBn($n = 3.2 \sim 6.6$)和锰的硅化物,可逆容量达到 1500 mAh/g,循环次数也大于石墨材料,但目前硅化物负极材料仅限于专利报导。

4. 合金负极

与碳材料相比,合金类负极材料一般具有高的比容量,典型的如 Si、Sn、Pb、Al、Ga、Sb、In、Cd 和 Zn 等,其中 Si 的理论比容量为 4200 mAh/g,Sn 的理论比容量为 990 mAh/g。合金负极的缺点是:锂离子的反复嵌入脱出导致负极体积变化较大,逐渐粉化失效。解决这一问题有两种办法:一是采用氧化物作为前驱体,在充放电过程中氧化物首先还原分解,形成纳米尺度的活性金属,并高度弥散地分布在无定形 Li_2O 基体中,从而抑制了体积变化。但是还原反应导致不可逆容量损失增大。另一种方法是采用纳米活性合金与非活性合金复合体系。

Ou Mao 等在分析解决锡基氧化物循环寿命问题时,发现提高循环寿命的原因有两方面,一是有分散良好的锡区,保证锡可逆地与锂反应;二是氧化锂与其他氧化物充当惰性物质,维持体系稳定。Ou Mao 从中得到启示,开发出 Sn - Fe - C 系列合金。Sn 作为活性中心,生成的 Fe 作为导电剂和不活泼基体来维持锂锡合金晶粒。活性物质反应机理为

$$Li + Sn_2Fe \longrightarrow Li_{4.4}Sn + Fe \qquad (9.7)$$

材料的组织结构为小晶粒的活性锡植入只具有电子导电性的不活泼基体上,嵌锂时 Sn_2Fe 是活性的,形成的 $Li_{4.4}Sn$、$SnFe_3C$ 和 Fe 是惰性的,80 次循环后体积容量保持在 1 600 mAh/cm^3。

对锡的氧化物负极反应研究结果表明,式(9.4) 生成的 Sn 是以纳米颗粒形式分散在 Li_2O 中,而式(9.5) 生成的合金颗粒也是纳米尺度,纳米颗粒的存在是锡的氧化物具有高容量的原因。由此激发出人们对纳米合金负极材料的研究兴趣。

纳米活性材料在充放电过程易发生团聚,离子的扩散途径变长,内部颗粒可能失去电接触,从而降低活化速度和循环性能,为了解决这一问题,制备电极时加入一定量的碳黑作为弥散剂,既能增加导电性,又能抑制纳米颗粒的团聚。

美国劳伦斯伯克利国家实验室研制了一种石墨烯和锡的纳米复合材料,把 Sn 夹在石墨烯薄片之间,形成"三明治"结构,提高了负极的容量和稳定性。

Si 与 Li 可形成 $Li_{22}Si_5$ 合金,Si 材料理论比容量为 4 200 mAh/g,脱嵌锂电位低,但是在充放电过程中体积变化大(300% 以上),引起粉化。提高循环性能的方法包括:

(1) 纳米硅和纳米硅阵列,如图 9.8 所示,利用其大量的孔隙来适应体积变化;

(2) 合金化;

(3) 使用弹性聚合物黏结剂来粘连 Si 颗粒,吸收变形能量避免粉化;

(4)Si 表面改性和包覆,如表面包覆 Cu。

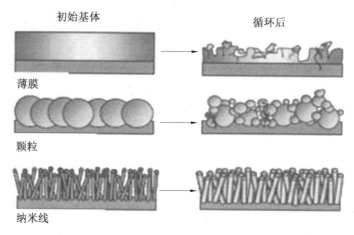

图9.8　Si 负极材料的结构对循环性能的影响

9.4　锂离子二次电池正极材料

LIB 电池的正极材料应具备如下特性：

（1）与锂离子反应有较大的吉布斯能变化，以提供高的电池电压（最好在 4 V 以上）。

（2）正极材料 MY 反应 $x\text{Li} + \text{MY} + xe^- \longrightarrow \text{Li}_x\text{MY}$ 中，x 范围要大，保证提供高的电池容量，在一定的 x 范围内，自由能变化小，保证电压恒定；M 为过渡金属，在充放电过程随着 Li 嵌入和脱出，价态发生变化。

（3）材料在充放电过程中结构稳定性好。

（4）电子导电性能好，锂离子在其中扩散系数大。

（5）高的热稳定性，与电解质化学相容性好。

（6）材料成本低，无毒性元素并尽量减少稀有金属和贵金属的使用量，加工制作方便。

研究的正极材料大约有200种以上，材料的结构从一维的 MnO_2 发展到二维结构的层状 LiCoO_2 和 LiNiO_2，再到三维结构的尖晶石 LiMn_2O_4 和橄榄石 LiFeO_4。共同的结构特点是具有容纳锂离子的间隙或通道，锂离子嵌入后不引起体积的异常变化。商业化的正极材料包括：

（1）LiCoO_2 和 LiNiO_2 以及 Ni 被 Co、Mn 部分取代的化合物；

（2）LiMn_2O_4；

（3）LiFePO_4。

表 9.3 给出几种 LiIB 正极材料的性能。

表 9.3　几种 LIB 正极材料的性能

正极材料	比容量 /mAh/g	比能量 /Wh/kg	结构	循环性能／次	特点
LiCoO_2	140	540	层状	500	性能稳定，放电电压稳定，价格高
LiNiO_2	140	480	层状	300	热稳定性差
LiMn_2O_4	120	480	尖晶石	300	安全性高，高温循环性差，价格低
$\text{LiNi}_{0.8}\text{Co}_{0.15}\text{Al}_{0.05}\text{O}_2$	200	750	层状	500	安全性差，成本高
$\text{LiNi}_{1/3}\text{Co}_{1/3}\text{Mn}_{1/3}\text{O}_2$	170	650	层状	500	安全性良好
LiFePO_4	170	580	橄榄石	20000	安全性好，低温性能差

9.4.1　层状氧化物

典型的层状氧化物有 LiCoO_2 和 LiNiO_2，同属 $\alpha-\text{NaFeO}_2$ 型结构。如图 9.9 所示，

LiCoO₂ 氧化物为六方晶系,属 R3m 空间群,由紧密排列的氧离子与处于八面体间隙位置的 Co 形成稳定的 CoO₂ 层,嵌入的锂离子进入 CoO₂ 层间,占据空的八面体间隙位置,这些位置相互连成一维隧道、二维、三维空间,便于锂离子的传输。锂离子和 Co 离子可以占满八面体位置,因此材料具有较大的比容量。

Co 与氧形成共价键,固定在八面体位置上。锂离子从八面体一个位置向另一个位置移动,是借助于晶格振动和氧离子摆动实现的,因此 LiCoO₂ 的电导率低,作为正极材料使用时需要加入导电剂。

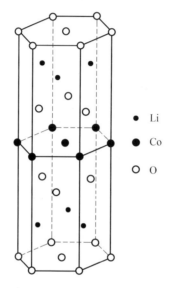

- • Li
- ● Co
- ○ O

图 9.9 LiCoO₂ 氧化物六方晶系结构

LiCoO₂ 的生产工艺简单,电化学性质稳定,是市场化最早的材料,也是目前应用最广泛的正极材料。LiCoO₂ 的合成方法主要有高温固相合成法和低温固相合成法两种。高温固相合成法以 Li₂CO₃ 和 CoCO₃ 为原料,按 Li/Co 的摩尔比为 1∶1 配制,在 700 ~ 900 ℃ 下,空气氛围中灼烧而成。

低温固相合成法是将混合好的 Li₂CO₃ 和 CoCO₃ 在空气中匀速升温至 400 ℃,保温数日以生成单相产物。该法合成的 LiCoO₂ 具有较为理想的层状中间体和尖晶石型中间体结构。

由于 Co 资源少价格昂贵,为了降低成本,人们开发了 LiNiO₂ 材料。LiNiO₂ 是继 LiCoO₂ 后研究最多的层状化合物,它具有与 LiCoO₂ 类似的结构。但是 LiNiO₂ 合成条件非常苛刻,合成条件的微小变化就会导致非化学计量比的 Li_xNiO_2 生成,锂离子和镍离子呈无序分布,这种阳离子交换位置的现象使得材料电化学性能恶化,比容量显著降低。而且 LiNiO₂ 的脱锂产物热稳定性差,分解温度低,分解时产生大量热量和氧气,造成充电时可能产生燃烧和爆炸。为了提高 LiNiO₂ 的安全性和稳定性,合成时掺入一定量的 Co、Al 等(LiCoO₂ 与 LiNiO₂ 固态完全互溶),形成 $LiNi_{1-x}Co_xO_2(0 < x < 1)$,该产品具有优良的电化学性能,其中 $LiNi_{0.8}Co_{0.2}O_2$ 是继 LiCoO₂ 之后大量使用的正极材料。

9.4.2 尖晶石氧化物

$LiMn_2O_4$ 具有尖晶石结构,如图 9.10(a) 所示,属 Fd3m 空间群,氧原子呈面心立方密排,Mn 交替位于氧原子堆积的八面体间隙位置。Mn_2O_4 骨架构成一个有利于 Li 离子扩散的四面体与八面体共面的三维网络,Li 离子直接嵌入由氧原子构成的四面体间隙位置,即 Mn 离子占据八面体(16d) 位置,氧离子占据面心立方(32e) 位置,Li 离子占据四面体(8a) 位置。

一个尖晶石结构的晶胞边长是普通面心立方结构的2倍,它包含了8个普通的面心立方晶胞。所以一个尖晶石晶胞有 32 个氧原子、16 个 Mn 原子占据 32 个八面体间隙(16d) 位置的 1/2,另 1/2 的 16c 是空的;锂离子占据64个四面体间隙(8a) 的 1/8,因此 Li 离子可以通过空着的相邻四面体和八面体间隙沿 8a – 16c – 8a 通道迁移,如图 9.10(b) 所示。$LiMn_2O_4$ 的理论容量是 148 mAh/g,可逆容量在 120 mAh/g 左右,电压平台为 4.15 V。与 $LiCoO_2$、$LiNiO_2$ 相比,$LiMn_2O_4$ 具有明显的优势:

(1) 锰资源丰富,价格便宜;

(2) 锰毒性小,对环境基本无害;

(3) 体积效应好,充电时体积收缩,与碳负极体积膨胀相适应;

(4) 对过充电不敏感,不需要过充保护,而 $LiCoO_2$、$LiNiO_2$ 需要严格限制充电电压。

在过充情况下,电极发生如下变化

$$LiMn_2O_4 \longrightarrow MnO_2 + Li^+ + e \tag{9.8}$$

$$LiCoO_2 \longrightarrow \frac{1}{3}Co_2O_3 + \frac{1}{3}CoO + \frac{1}{3}O_2 + Li^+ + e \tag{9.9}$$

$$LiNiO_2 \longrightarrow NiO + \frac{1}{2}O_2 + Li^+ + e \tag{9.10}$$

$LiCoO_2$ 和 $LiNiO_2$ 产生的氧气增大电池的内压,存在爆炸的危险。而 $LiMn_2O_4$ 过充时,Li 离子完全脱嵌形成四方晶系 MnO_2,Li 离子开始占据 16a 位置。

1. 尖晶石 $LiMn_2O_4$ 容量衰减的原因

尖晶石 $Li_xMn_2O_4$ 在充放电过程中,有 4.1 V 和 2.9 V 两个电压平台,如图 9.11 所示。x 值在 0.15 ~ 1 时,充放电是可逆的,电压平台在 4 V 左右,在此区间电压的变化与锂离子所处间隙位置有关;过度嵌锂后,x 大于 1,Mn^{3+} 浓度增加,Mn 的平均化合价小于 3.5,材料结构由立方尖晶石相转变为四面体尖晶石相,体积膨胀 6.4%,即出现 Jahn – Teller 畸变效应。在 2.9 V 的电压平台,充放电不可逆。相变导致材料在充放电过程反复收缩和膨胀,最终破坏尖晶石结构,降低循环性能。

从图 9.12 的循环曲线可以看出,$Li_xMn_2O_4$ 初始容量为 120 mAh/g,100 次充放电循环后容量衰减到 60 mAh/g。从材料结构上看,Mn_2O_4 结构的不稳定造成了容量衰减。循环性能差的原因还包括:

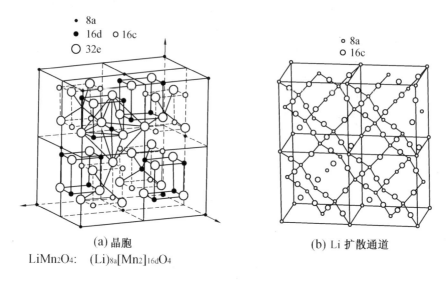

(a) 晶胞   (b) Li 扩散通道

$LiMn_2O_4$: $(Li)_{8a}[Mn_2]_{16d}O_4$

图 9.10   尖晶石 $LiMn_2O_4$ 的结构及 Li 扩散路径示意图

（1）锰在电解质中溶解

Mn 溶解是电池容量衰减的主要原因,其机理是 Mn^{3+} 发生歧化反应: $2Mn^{3+} \longrightarrow Mn^{2+} + Mn^{4+}$。$Mn^{2+}$ 迅速转化为 Mn 沉淀,沉积到电极表面阻挡 Li 离子的扩散。

（2）高电压充电导致电解质分解

$LiMn_2O_4$ 不能令人满意的地方还包括振实密度低,体积比容量小。

为了解决这些问题,一方面改进材料制备工艺,使得尺寸分布,从而提高振实密度;二是掺杂其他离子或表面包覆,提高循环性能。

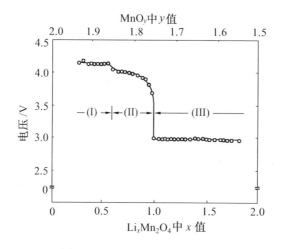

图 9.11 $Li_xMn_2O_4$ 开路电压曲线

2. 尖晶石 $LiMn_2O_4$ 的离子掺杂和表面包覆

离子掺杂可以提高 Mn 的平均化合价,减少 Mn 在电解质中的溶解,抑制 Jahn –

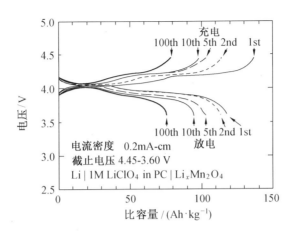

图 9.12　$Li_xMn_2O_4$ 在 4 V 范围内充放电循环曲线

Teller 畸变,稳定尖晶石 $LiMn_2O_4$ 的结构,从而提高电池的循环性能。离子半径、离子结构和价态是决定掺杂效果的主要因素。由图 9.13 可以看出,Cr、Co、Ni、Al 等的掺杂可以显著提高循环性能。Co 掺杂后,形成 $LiCo_xMn_{2-x}O_4$,三价 Co 离子占据八面体 16d 位置,由于 CoO_2 键能(1 067 kJ/mol)比 MnO_2(946 kJ/mol)高,掺杂后晶格常数变小,结构稳定性提高。Cr、Al 等的作用机理也是如此。掺杂后由于晶格常数变小,电极初始容量降低。

　　提高循环性能的另一种方法是对 $LiMn_2O_4$ 进行表面包覆,不仅可以抑制锰的溶解,对电解质分解也有阻碍作用。已有的包覆层有 $LiBO_2$、Li_2CO_3、LiV_2O_4、CoO、$LiNiO_2$、$LiCoO_2$ 等。最新的研究结果表明,在合成 $LiMn_2O_4$ 前,对前驱体 Mn_3O_4 表面包覆 Co,在相同 Co 含量的条件下,循环性能明显优于体相掺杂 Co 的效果。

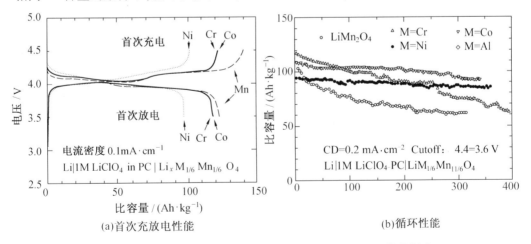

(a)首次充放电性能　　　　　　　　　(b)循环性能

图 9.13　离子掺杂对 $Li_xMn_2O_4$ 第一次充放电和循环性能的影响

3. 尖晶石 $LiMn_2O_4$ 材料合成

尖晶石 $LiMn_2O_4$ 的合成方法有机械混合固相反应法、熔融浸渍法、喷雾干燥法、溶胶-凝胶法和共沉淀法等。虽然由不同方法合成的尖晶石 $LiMn_2O_4$ 的工作电压基本相似,但其比容量和循环性能受合成条件的影响很大。

机械混合固相反应法是使用最早的方法,它是将固体锂盐($LiOH \cdot H_2O$)与锰盐(MnO_2、$MnCO_3$ 等)通过机械方式混合、高温烧结而成。得到产物形貌不规则、粒度分布不均匀、杂质多。

熔融浸渍法是将锰盐浸入熔化的锂盐中,使锂盐浸渍到锰盐的孔隙内,然后加热反应得到 $LiMn_2O_4$。该方法与固相反应法相比,合成速度加快。

喷雾干燥法是将含锂盐和锰盐的溶液在反应器中雾化成细小雾滴,溶剂从雾滴表面蒸发,沉淀出的锂盐和锰盐细小颗粒经过烧结后得到 $LiMn_2O_4$。

共沉淀法是在锂盐和锰盐的溶液中加入沉淀剂,使锂盐和锰盐同时沉淀出来。它的优点是锂和锰离子混合均匀,但锂离子和锰离子性质差别大,容易出现偏析现象。

溶胶-凝胶法是采用合适的有机或无机盐配置胶液,控制形核和胶凝过程制备出所需粉体的一种工艺。它具有合成温度低、化学均匀性好、易于掺杂等优点。缺点是制作胶体需要加入有机络合剂和溶剂,增加了制作成本;洗涤、干燥和陈化等工序多;粉体预烧结时有机物排出量大,造成环境污染。

以球形 Mn_3O_4 为前驱体采用固相反应合成的 $LiMn_2O_4$,比 MnO_2 前驱体合成有更好的电化学性能。六方 MnO_2 中锰为 +4 价,锰氧键合作用很强,因此的结构很致密。而四方 Mn_3O_4 中锰平均价态为 +2.67,结构致密度低,因此与 MnO_2 比较,Mn_3O_4 和 $LiOH \cdot H_2O$ 反应更容易和充分,而且合成的 $LiMn_2O_4$ 具有较大的晶格常数,充放电容量大。另外,采用球形 Mn_3O_4 前驱体合成的 $LiMn_2O_4$ 为球形颗粒,平均粒度为 10 ~ 20 μm,分散性好,振实密度达到 2.4 g/cm³(通常密度低于 2.0 g/cm³),明显提高了体积比容量。

其他的锂锰氧化物负极材料还有 $LiMnO_2$ 和 $LiCu_xMn_{2-x}O_4$,采用 $LiCu_{0.5}Mn_{1.5}O_4$ 正极、炭负极的 LIB 电池工作电压可以达到 5 V。

9.4.3　橄榄石磷酸盐

1997 年 Goodenough 等首次提出具有橄榄石结构的聚阴离子材料磷酸亚铁锂($LiFePO_4$,亦称磷酸铁锂)可以作为锂离子电池正极材料,到现在 $LiFePO_4$ 已成为电动汽车、电动工具的理想电极材料之一,成为目前最热门的正极材料。

如图 9.14 所示,$LiFePO_4$ 具有橄榄石型结构,属正交晶系,空间群为 Pnmb。中心 Fe^{2+} 与周围 6 个氧形成 FeO_6 八面体,FeO_6 八面体和 PO_4 四面体共同构成了 Z 字形的空间骨架,Li^+ 在骨架中占据着八面体位,通过共棱与 FeO_6 八面体和 PO_4 四面体相连。

在充放电过程中,锂离子可以在图 9.14 中 b 方向上可逆嵌入和脱出。由于 $LiFePO_4$ 与 $FePO_4$ 空间群相同,结构稳定,脱锂过程中体积仅减少 6.81%,密度增加 2.59%,因此材料本身具有很好的热稳定性和循环性能。

其他橄榄石结构的正极材料包括 $LiCoPO_4$、$LiMnPO_4$、$LiMn_{0.8}Fe_{0.2}O_4$ 等,电压-比

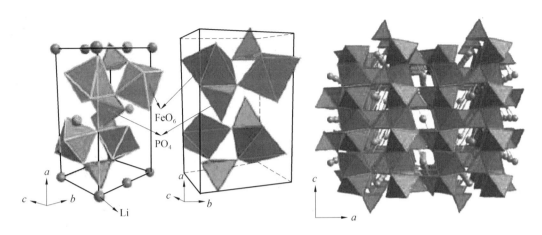

图 9.14 LiFePO$_4$ 的结构

容量曲线如图 9.15 所示。从高电压角度看，LiCoPO$_4$ 具有更好的应用前景。

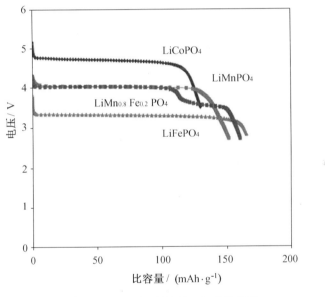

图 9.15 几种橄榄石结构的正极性能曲线

作为新兴的正极材料，LiFePO$_4$ 具有容量大、循环性好、安全性高、成本低、环保性能好、可大电流充电等优点。它的不足之处在于：

（1）LiFePO$_4$ 振实密度低

一般在 0.8 ~ 1.3 g/cm^3 范围内（LiCoO$_2$ 振实密度在 2 g/cm^3 左右），相同容量下需要的正极体积大，不适合制备微型电池；动力电池对体积要求相对宽松，因此 LiFePO$_4$ 使用方向主要在大型电力电源领域。

（2）导电性能差

从 LiFePO$_4$ 的结构看出，FeO$_6$ 八面体被 PO$_4$ 四面体分割开，LiO$_6$ 八面体沿着 b 轴方向共边，形成链状，因此 LiFePO$_4$ 的电子电导率低、锂离子扩散速率低。对其改性的研究成为该材料的一个热点,方法主要是对 $LiFePO_4$ 材料进行表面碳包覆、金属包覆、元素掺杂、纳米化减小扩散途径等。

（3）工艺稳定性差

$LiFePO_4$ 的制备方法主要有高温固相合成法、水热合成法、微波合成法、液相反应共沉淀制备法、有机碳裂解还原制备法等。从生产规模看,该材料存在的最大问题是产品一致性差,这有赖于研究的深入以及生产设备自动化和精度的提高。

今后的正极材料可能会向高电压（5 V）发展,从而更有助于二次锂离子电池比能量、安全性能的提高和在电动车等领域中的应用。现有的电解液体系一般在高于 4 V时就会不可逆分解,因此高电压正极材料的开发需要更具兼容性的电解液体系相匹配。作为总结,表9.4 给出不同电压的正极材料分类情况及其相应的结构。

表9.4 不同电压的正极材料分类情况及其相应的结构

电压/V	材料	结构
5	$x Li_2 MnO_3/(1-x) LiMO_2 (M = Mn, Ni, Co, Cr)$	层状复合
	$LiMnPO_4, LiCoPO_4$	3-D 橄榄石
	$Li_2 M_x Mn_{4-x} O_8 (M = Fe, Co)$	3-D 尖晶石
4	$LiCoO_2, LiNiO_2$	2-D 层状
	$LiMn_2 O_4$	3-D 尖晶石
	$LiFePO_4$	3-D 橄榄石
	$LiNi_{1/3} Co_{1/3} Mn_{1/3} O_2$	2-D 层状
3	$V_2 O_5$	2-D 层状
	MnO_2	3-D 复合
2	TiS_2, MoS_2	2-D 层状

9.5 电解质和隔膜

电解质的作用是在正负极之间形成良好的离子导电通道,凡是能够成为离子导体的材料,如水溶液、有机溶液、聚合物、熔盐或固体材料,均可以作为电解质。电解质的主要性质有两个,一是电导率高,二是具有高的化学和电化学稳定性,不与电极发生化学反应。

水溶液电解质具有离子状态稳定、黏度小、电导率高等优点,是目前应用最广泛的电解质。受到水的分解电压（1.23 V）限制,水溶液电解质电池的最高电压只能在2.0 V以下。采用有机溶剂电解质后,可以使用强还原性活泼金属及化合物作为负极,电池电压得到提高。但是有机溶剂的电导率比水溶液低,通常使用的是碳酸酯类有机溶剂,如丙烯碳酸酯（PC）、乙烯碳酸酯（EC）、二甲基碳酸酯（DMC）、二乙基碳酸酯（DEC）。为了提高电导率和稳定性,一般使用两种混合的有机溶剂,并且加入一定量的无机锂盐,如 $LiClO_4$、$LiPF_6$、$LiBF_4$ 等,室温离子电导率达到 10^{-2} S/cm。

无机固体电解质尤其是室温下高导电的无机固体电解质的开发研究一直受到人们的重视。其中包括 Li_4SiO_4、$LiAl_2O_3$、Li_3N、LISICON 以及玻璃态固体电解质,LISICON 通常为 Li_2ZnGeO_4 或 $Li_3(P,As,V)O_4$ 的固溶体。

聚合物或固体电解质的优点是无液体泄露、制作工序简便、可以制成任意复杂形状的电池。聚合物电解质不仅具有高分子材料的柔顺性、良好的成膜性、黏弹性、稳定性、质量轻、成本低等优点,而且具有半导体或导体的性质,还具有无机盐固体电解质所不及的可塑性,从而成为一种极具应用前景的材料。1973 年 Wright 等首次发现了聚氧乙烯(PEO)与碱金属盐的络合物具有离子导电性,使聚合物电解质的研究进入了一个崭新的阶段。1979 年,Armand 等报导 PEO 的碱金属盐络合物在 40～60℃ 时离子传导率达 10^{-5} S/cm,从此在世界范围内掀起了聚合物固体电解质的研究高潮,特别是在 LIB 电池迅速发展的今天,聚合物固体电解质的研究重要性更为突出。近年来人们的研究主要集中于在保持其力学性能的前提下提高室温离子传导率。

在锂离子电池的结构中,隔膜是关键的内层组件之一,在电池中起着阻隔正负极,允许电解液离子自由通过从而实现离子传导的重要作用。隔膜的性能决定了电池的界面结构、内阻等,直接影响到电池的容量、循环以及安全性能等特性。现今商品锂离子电池隔膜的孔隙率一般为 40% 左右,孔径为亚微米级。根据结构和组成,锂离子电池隔膜大致可分为多孔聚合物膜、无纺布隔膜和无机复合膜。

隔膜的热安全性能是要求隔膜具有良好的热尺寸稳定性,在一定的高温环境下无明显形变;具有较好的热闭孔性能,在电池短路前发生热闭孔且无明显机械强度的损失;由于电池内部的自放热效应,在热闭孔后、温度冷却前仍会有一段温度上升的过程,这就要求隔膜具有更好的熔化温度,从而有效提高隔膜的热安全温度。

聚烯烃材料具有较高的强度和较好的化学稳定性,多孔聚烯烃在高于玻璃化温度的条件下具有收缩孔隙的自闭合功能,阻抗明显上升、通过电流的限制可防止由于过热而引起的爆炸等现象,是一个相对可靠的锂电池隔膜材料。目前隔膜材料的主流产品是以美国 Celgard 和日本 UBE 为代表的经双向精密拉伸的聚乙烯(PE)、聚丙烯(PP)微孔薄膜和聚丙烯/聚乙烯/聚丙烯(PP/PE/PP)三层微孔复合膜,孔隙率在 40% 左右,厚度为 25～40 μm。聚烯烃材料隔膜的缺点是与电解液润湿性能不好,另一个更重要问题在于其大功率放电的安全性较差。这种材料在高温下尺寸变形比较明显,而且熔点一般低于 170℃。当电池局部发热超过这个温度时,隔膜就会迅速融化使正负极迅速接触,出现热失控行为。采用无纺布结构增强是提高隔膜热尺寸稳定性与安全性的有效措施。

在大功率放电过程中,电池局部温度达到 100℃ 左右就可以引起负极固体电解质界面(SEI)保护膜分解并释放热量,使电池进一步升温,引发有机电解液等物质的分解和隔膜的融化,导致正负极直接反应甚至爆炸。电池使用过程中遭受穿刺或撞击也可导致电池电压瞬时下降,此外电池的过充形成锂枝晶也会导致对隔膜的穿刺。提高锂离子电池比能量和大功率放电能力需要进一步提高隔膜的孔隙率并降低厚度,以获得较小的离子电阻,这些措施会降低膜的强度和抗冲击能力,进一步降低动力锂电池的安全性。然而大功率动力电池的安全运行需要隔膜具有更高的强度、更好的热尺寸稳定性和热化学稳定性,解决强度与厚度的矛盾是动力锂电池对隔膜的新要求。

9.6 安全性问题

安全性一直是锂离子电池,特别是大容量、高功率锂离子电池应用时最受关注的问题。近年来,随着锂离子电池应用的日益广泛,有关手机、笔记本、电脑、电动车等设备用电池起火甚至爆炸的报道已经屡见不鲜,大量电池被召回。2006 年,美国戴尔公司宣布由于部分笔记本电脑的电池存在安全隐患,将在全球范围内召回 410 万块电池。随后,东芝召回 34 万块笔记本电池,苹果全球召回电池 180 万块,原因是这些电池存在安全性问题。2007 年,上海某写字楼办公室内发生笔记本电脑突然爆炸燃烧事件。2008 年 6 月 7 日,美国一混合电动车发生锂电池起火事件。众多安全性事故,引起人们对锂离子电池安全性的疑虑,解决安全性问题已经成为高容量动力电池当前面临的重要任务和技术难点。图 9.16、9.17 为锂离子电池起火事故图。

图 9.16 锂离子电池爆炸起火事故

图 9.17 电动汽车锂离子电池起火事故

9.6.1 不安全行为发生的机制

锂离子电池内部潜在的主要放热反应有:SEI 膜的分解、高活性嵌锂负极与电解液及与氟化物黏结剂的放热反应、电解液分解、正极活性材料分解及氧化电解液等。

负极受热时 SEI 膜容易发生分解,失去 SEI 保护的负极表面一旦裸露于电解液中,将与电解液发生剧烈的放热反应,并生成易燃性气体,如

$$Li + C_3H_4O_3 \longrightarrow Li_2CO_3 + C_2H_4 \tag{9.11}$$

正极氧化物材料在一定温度下发生热分解,释放热的同时释放出氧,如

$$LiNiO_2 \longrightarrow LiNi_2O_4 + O_2 \tag{9.12}$$

电解液在过充状态下还将在正极表面发生氧化分解,放出大量热量的同时产生可燃性气体,导致电池内部温度和压力急剧上升。

诱发锂离子电池安全性事故的因素很多,如过充电、短路等异常充放电,以及过热、挤压、碰撞、振动等,但其发生机制不外乎两种:电压失控和热失控。

电压失控由过充电引起。对于水溶液二次电池来说,过充时水在正极氧化分解产生氧气,在负极还原产生氢气,生成的气体产物在电池内部又能可逆地通过电化学方式复合成水。正是由于水的可逆分解 - 复合,为水溶液二次电池提供了一种抗过充的电压钳制机制。然而,对于采用有机电解质溶液的锂离子电池来说,由于缺乏类似的保护机制,正极电势一般随过充而快速上升,导致正极材料因分解而放热、释氧,而且还会引起有机电解液的不可逆氧化分解。由于溶剂分解反应在产生大量可燃性有机小分子气体的同时,还放出大量的热,导致电池内部温度和气压的急剧上升,引起电池发生爆炸、燃烧等。

9.6.2 提高安全性的方法

(1) 安装安全阀系统,一旦内部压力、温度过高,通过安全阀排除压力和热量;

(2) 提高正极的耐热性能;

(3) 使用温度敏感电极,将具有温度敏感效应的材料嵌入到电极活性物质和集流体之间,电极能够根据自身的温度变化调节电极的阻抗,当电池的温度升高时,电极的阻抗迅速增大,使电池难以进行充放电,从而为电池提供现场的过热保护作用;

(4) 使用阻燃性电解液;

(5) 采用具有良好热关闭性能的隔膜材料,正常使用情况下,隔膜上的微孔提供离子传输通道,当电池在异常状态下内部温度上升,微孔自动封闭阻止离子的传输,从而切断充电电流。

电压敏感隔膜利用电活性聚合物的可逆电化学掺杂/脱杂特性,为电池提供可逆的过充保护作用。图 9.18 为电压敏感隔膜的工作原理示意图,当电池处于正常充放电状态时,聚合物隔膜对电子绝缘、对离子导通;过充时,电压迅速上升至聚合物的氧化掺杂电势,聚合物因发生氧化掺杂而逐步转变为电子导体,造成电池内部微短路,消耗充电电流,从而使电池电压被控制在安全范围内。一旦停止过充电,电池电压下降,聚合物发生可逆的脱杂反应并回复到正常状态。

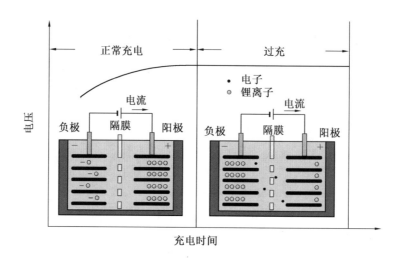

图 9.18　电压敏感隔膜的工作原理

9.7　锂－硫电池

锂－硫电池是指采用硫或含硫化合物作为正极,锂或储锂材料为负极,以硫－硫键的断裂／生成来实现电能与化学能相互转换的一类电池体系。放电时,锂离子从负极往正极迁移,正极活性物质的硫－硫键断裂,与锂离子生成 Li_2S;充电时,Li_2S 电解释出的锂离子重新迁回负极,沉积为金属锂或者嵌入负极材料中。

以金属锂为负极、单质硫为正极的锂－硫电池理论比能量可达到 2 600 Wh/kg(锂和硫的理论比容量分别 3 860 mAh/g 和 1 675 mAh/g),远大于现阶段所使用的商业化的二次电池。此外,单质硫廉价、环境友好的特性又使该体系极具商业价值。基于单质硫的廉价和高比容量特性,近几年来以单质硫为正极材料的锂－硫二次电池的研究渐多。日本在下一代车用电池技术发展路线图中,把锂－硫二次电池列入其中,目标是至 2020 年比能量达到 500 Wh/kg。美国能源部最近也斥资 500 万美元资助锂－硫电池的研究,计划至 2013 年将其比能量提高至 500 Wh/kg。

2010 年美国 Sion Power 公司将锂－硫电池应用在无人机上,白天靠太阳能电池充电,晚上放电提供动力,创造了无人机连续飞行 14 天的纪录。此试验是锂－硫电池较为成功的应用实例。

二次锂－硫电池距离市场应用还有一定的时间,存在的主要问题是正极活性物质硫的利用率不高,循环容量衰减严重,根源在于单质硫及其放电产物的电绝缘性、在电解液中的溶解性及金属锂负极的不稳定性。因此,研究的热点是提高单质硫的导电性,抑制活性硫的溶解,同时稳定金属锂表面。另外,对锂－硫电池的电化学反应过程尚无完整的解释。硫正极在充放电过程中可能生成多达 20 种以上的中间产物 S_x^{y-}($x =$ 1 ~ 10,$y = 0 ~ 2$)。这些多硫化物均为直链构型,相互之间有复杂的转换关系。

以介孔炭、碳纳米管、纳米结构的聚合物等为载体,将硫填充其中制备复合材料可以改善正极的导电性,抑制反应物和放电产物的溶解,提高硫的利用率和循环稳定性。合成"主链导电、侧链储能"的有机多硫化物也是提高性能的好方法。

对锂负极进行保护可以提高锂－硫电池的充放电效率、减小自放电、减少枝晶,提高电池的安全性,如在锂表面形成 LiPON、LiI、Li_3N、LiF 保护层等。

近两年比较有意义的锂－硫电池研究是加拿大滑铁卢大学和美国斯坦福大学提出的新型电池,如图 9.19 所示。

图 19(a)～(c)为加拿大滑铁卢大学提出的电池正极和特性曲线,电池提供稳定的 900 mAh/g 电容量。图 19(d)为斯坦福大学的锂－硫电池模型,Li_2S 代替 S 做正极,Si 纳米线代替锂做负极,电池具有高和稳定的容量。

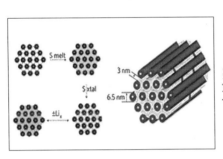

(a)硫与碳纳米棒束复合模型

(b) 锂－硫电池的电压－比容量曲线

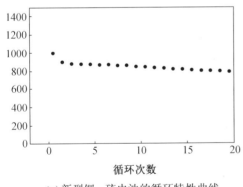

(c) 新型锂－硫电池的循环特性曲线

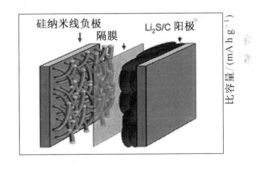

(d)Li_2S正极、Si 纳米线负极的锂－硫电池模型

图 9.19　两种新型锂－硫电池

9.8　锂空气电池

锂空气电池是一种用锂作负极,以空气中的氧气作为正极反应物的电池。其放电过程如下:负极的锂释放电子后成为 Li^+,Li^+ 穿过电解质材料,在正极与氧气以及从外

电路流过来的电子结合,生成氧化锂(Li_2O)或者过氧化锂(Li_2O_2),并滞留在正极。充电时进行相反的反应释放出氧气。锂空气电池的比能量是锂离子电池的 3 ~ 4 倍。

锂空气电池急待解决的问题之一,是正极反应的生成物 Li_2O/Li_2O_2 难溶于有机电解质,会沉积到电极上造成堵塞,阻碍氧还原反应的进行。日本产业技术综合研究所开发了一种新型的混合电解质的锂空气电池示意图,如图 9.20 所示,它解决了以往锂空气电池固体反应生成物阻碍电解液与空气接触的问题。

图 9.20 为电池的负极是金属锂,与负极接触的电解液是含有锂盐的有机电解液;正极为微细碳粉掺杂低价氧化物催化剂,与正极接触的是碱性水溶性凝胶电解液;两种电解液用固体电解质隔离,只有锂离子能通过中间的固体电解质。这样放电反应的产物就不再是 Li_2O,而是可溶于水溶液电解质的 $LiOH$。这种新型锂空气电池无需直接充电,只需通过底座更换正极的水性电解液、卡盒方式更换负极锂,更换后即可使用,比较适合电动车使用。正极生成的氢氧化锂可以从使用过的水性电解液中回收,再提炼出金属锂,实现材料的循环使用。

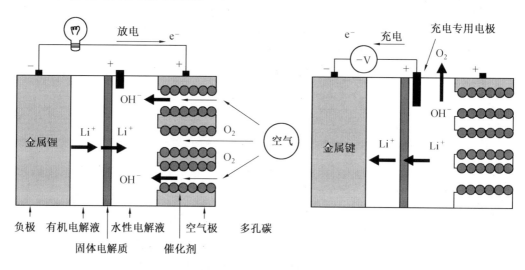

图 9.20　混合电解质的锂空气电池示意图

锂空气电池需要解决的问题之二,是正极催化剂的分解和催化效果问题,解决这些问题可以提高充放电效率、提高循环寿命和反应速度。目前常用 Au、Pt、锰氧化物等作为催化剂。

目前金属空气电池只是应用于对比能量有高需求的一次性电池上,比如军用、空间设备等。电动汽车如果需求电池在其寿命之内要使汽车续行 2 万公里,并且电池充一次电能维持 800 公里左右,那么它必须能够做到 300 次满充满放才具有经济性。目前,锂空气电池实验室水平只能达到 50 次,达到实用化还面临着很大的挑战。锂空气电池比锂离子电池和其他金属空气电池具有更高的比能量,作为一种环境友好的新型电池体系,无疑具有广阔的应用潜力,有望在电动汽车、航空航天等领域得到广泛使用,如图 9.21 所示。

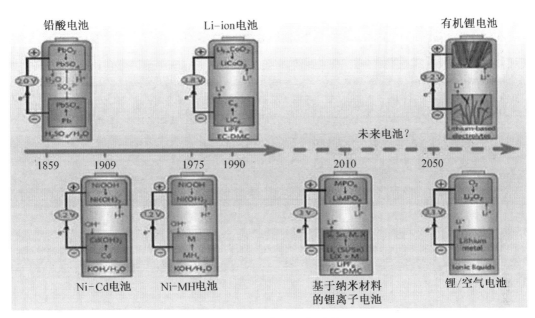

图 9.21 未来电池的预测

参考文献

［1］GOODENOUGH J B,KIM Y. Challenges for rechargeable Li batteries［J］. Chem Mater,2010,22(3):587-591.

［2］ETACHERI V,MAROM R,ELAZARI R,et al. Challenges in the development of advanced Li-ion batteries:A review［J］. Energy Environ. Sci. ,2011,4:3243-3262.

［3］WANG L,SUN W T,HE X M,et al. Synthesis of electrochemically active LiMnPO$_4$ via MnPO$_4$·H$_2$O with different morphology prepared by facile precipitation［J］. Int. J. Electrochem. Sci. ,2012,7:3591-3600.

［4］孙美玲,唐浩林,潘牧. 动力锂离子电池隔膜的研究进展［J］. 材料导报,2011,25(5):44-50.

［5］WANG L,WANG H B,LIU Z H,et al. A facile method of preparing mixed conducting LiFePO$_4$/graphene composites for lithium-ion batteries,［J］. Solid State Ionics,2010,181:1685 – 1689.

［6］CHANG K,CHEN W X. In situ synthesis of MoS2/graphene nanosheet composites with extraordinarily high electrochemical performance for lithium ion batteries［J］. Chem. Commun. ,2011,47:4252 – 4254.

［7］高勇,王诚,蒲薇华. 锂 - 空气电池的研究进展［J］. 电池,2011,41(3):161-164.

［8］WANG H B,ZHANG C J,LIU Z H,et al,Nitrogen-doped graphene nanosheets with excellent lithium storage properties,［J］. J. Mater. Chem. ,2011,21:5430-5434.

［9］WANG L,SUN W T,HE X M,et al. Synthesis of Nano-LiMnPO$_4$ from MnPO$_4$ · H$_2$O prepared by mechanochemistry［J］. Int. J. Electrochem. Sci. ,2011,6:2022-2030.

［10］爱凡蒂斯 K E. 高能量密度锂离子电池:材料、工程及应用［M］. 北京:机械工业出版社,2012.

［11］吴宇平. 锂离子电池:应用与实践［M］. 北京:化学工业出版社,2012.

［12］黄可龙. 锂离子电池关键技术［M］. 北京:化学工业出版社,2008.

［13］吴宇平. 聚合物锂离子电池［M］. 北京:化学工业出版社,2007.

［14］郑洪河. 锂离子电池电解质［M］. 北京:化学工业出版社,2007.

第 10 章　核能技术与材料

　　核能是可持续发展的清洁能源,也是唯一能够大规模取代常规能源的替代能源。截至 2012 年,全世界共有 440 多个核电机组在运行,总净装机容量超过 3.7 亿千瓦。

　　我国民用核电事业起步较晚,1992 年第一座核电站秦山 1 期电功率 300 MW 核电站投产,接着广东大亚湾 900MW 的 1 号和 2 号核电站于 1993 年和 1994 年投入运行。秦山 3 期 1 号机组于 2002 年 11 月并网发电,2 号机组于 2003 年 6 月 12 日首次并网发电,并于 2003 年 7 月 24 日投入商业运行,秦山 3 期核电站是我国首座重水堆核电站。中国现在共有 11 座核电站投入运行,目前正在建设的 27 个核电机组。

　　核电发展经历了 70 年,期间出现了两次较大的核事故:切尔诺贝利核事故和福岛核事故,给人类带来巨大的灾难。核电历史告诉我们,发展核电必须把核电安全(包括乏燃料的安全处置)放在第一位,反应堆材料是决定堆安全性的重要因素。本章主要介绍核反应堆的发展历史、现状和趋势,重点介绍主要的反应堆材料。

10.1　核能发展简史

10.1.1　核裂变的发现

　　1960 年 7 月美国著名的《哈拍斯杂志》(Harper's Magazine)报道,在一个大学教授参加的聚会上,有人提议大家写下自己认为在近代历史上起了特殊作用的人物,要求是所选人物在他的时代中起了任何人都不能替代的作用。结果根据得票的多少选出的前五个人依次是林肯、甘地、希特勒、邱吉尔和里奥 – 西拉德。

　　如图 10.1 所示,西拉德是一个传奇的核物理学家和发明家,当我们谈起核物理、原子弹时,首先想到的是爱因斯坦、卢瑟福、奥本海默、费米、哈恩、海森堡、约里奥·居里,等等,很少提到"Leo Szilard",在百度上检索也很难见到关于他的报道。中文有时译为西拉特、锡拉德,译名的不统一说明这不是一个受到重视的人物。

　　同样,在核物理发展史上,还有一位不被重视的女性科学家,莉泽·梅特娜(Lise Meitner)。

　　18 世纪末到 20 世纪 30 年代这一短短的期间内,在欧洲这片土地上,原子核物理、放射性核化学呈现了爆炸式的发展,理论和实验为原子弹和反应堆的发展奠定了坚实的基础。我国出版的核物理、核材料、反应堆等书籍,对该领域的重大发现、曼哈顿计划详情等做了充分的介绍,很多人物传记也介绍了多位科学家的生平事迹和贡献。这里主要介绍两位不被人们重视、甚至还受到歧视的核物理学家。

图 10.1　西拉德(1898～1964)

1. 里奥·西拉德(Leo Szilard,1898～1964)

西拉德,1898年2月11日出生在匈牙利布达佩斯的一个犹太家庭,18岁进了一所技术学院学习电机工程,1919年来到了德国柏林大学求学。西拉德的博士论文导师是冯·劳厄。西拉德花了半年的时间来解决冯·劳厄交给他的有关相对论问题,结果一无所获,便开始思考用热力学理论来推导涨落现象,只用了三周时间就完成了"唯象热力学在涨落现象上的推广"。涨落现象是由玻尔兹曼指出,并用统计物理学的方法推出的。西拉德竟然用热力学第二定律这一纯唯象的理论就推导出了涨落的存在,这引起了爱因斯坦和冯·劳厄的极大震惊。劳厄在吃惊之后第二天就告诉西拉德,"你的稿子已经被接受作为你的博士学位论文"。6个月后,西拉德又完成了另一篇论文"精灵的干预使热力学系统的熵减少"。该文在热力学发展史和信息论发展史上占有重要地位。

1927～1930年,西拉德与爱因斯坦合作,发明了多项专利,其中的液体金属泵对快堆起了重要作用。1928年西拉德提出了直线加速器和环形加速器的基本原理,申请的直线和环形加速器专利没有被接受,几年后劳伦斯等制备出直线和回旋加速器,劳伦斯并因此于1939年获得诺贝尔物理学奖。1934年西拉德又向英国专利局提出同步回旋加速器的专利申请,以此解决相对论效应问题。在说明书中他描述了加速电压的频率随时间变化的规律,以及相稳原理。不幸的是,这个专利也没有被批准,10年后,这一想法再次被苏联的维克斯勒发现,引起了加速器设计的一场革命。

西拉德在1930年就预见到德国将要发生的一切。1933年1月希特勒上台后,他竭力劝说他的一些同事离开德国,3月西拉德经过维也纳来到英国。在这期间,西拉德花费全部时间和精力为从德国逃出的年轻科学家寻找工作或提供奖学金。

1932 年,西拉德在威尔斯 1914 年写的《向着自由世界》一书中看到这样的预言"1933 年发现人工放射性、然后是原子能的释放、原子弹、世界大战和世界政府",这给他留下了深刻印象。促使西拉德转向核物理学的直接动因是:卢瑟福在 1933 年认为大规模释放原子能"只不过是空想"。为了反驳卢瑟福的论断,西拉德决定对这一问题进行研究。他设想:如果能够找到这样一种元素,它能被中子所分裂,当它吸收一个中子后能释放出二个中子,将许多这种元素放在一起,就能维持一种链式核反应。他的这一预见比实际出现"裂变"早了 5 年。

1934 年初,约里奥·居里夫妇发现了人工放射性。这个发现极大地鼓舞了西拉德,威尔斯的预言以惊人的准确性实现了。1934 年春西拉德向英国专利局申请了核链式核反应的专利权,在说明书中第一次认真地讨论了维持链式核反应的原理,并第一次提出了链式核反应临界质量这一重要概念。他与查默斯合作,发现了一种能使化合物中某元素吸收中子而从化合物中分离出来的西拉德 – 查默斯效应。因为担心核链式反应的专利公开发表会被纳粹德国所利用,他于 1936 年将此专利移交给英国海军,他在给海军部的信中写道:"如果我能保留使用这个说明书的自由,保证此专利不用于制造战争武器,那么我将很高兴将此专利移交给英国海军。"

1938 年 1 月,西拉德来到美国继续为链式反应而奔波,当得知哈恩发现铀裂变的消息,他第一反应是:威尔斯所预言的一切,突然之间变成了现实。从此,西拉德陷入科学研究与政治活动双重的繁忙之中。他在研究铀原子核裂变释放中子数的同时,积极地在科学家中间活动,劝说科学家自我监督不发表核裂变方面的论文,目的是对纳粹德国封锁消息。

西拉德首先想到的两个人是约里奥·居里和费米。费米认为裂变释放中子以及形成链式反应的可能性很小,没有必要不发表论文。铀核裂变会不会释放中子、每个核裂变释放多少中子,对于西拉德、费米和约里奥来说是问题的关键,于是他们各自进行了实验。到了 3 月中旬,西拉德证实了裂变释放两个以上的中子,链式反应的可行性在理论上得到证实。与此同时,费米小组和约里奥小组等也独立地得出了相同的结果。当西拉德说服了费米及其他英美同行自我监督不发表这方面的论文时,约里奥却在 3 月 18 日在《自然》杂志上发表了自己的结果。西拉德后来又通过其他渠道谋求约里奥的合作,但均遭拒绝。

战争的逼近,才使西拉德的思想得到愈来愈多的人们的理解。虽然自我限制不发表论文的制度很晚才实行,但它还总算十分及时。西拉德关于核反应特性的文章和关于中子吸收截面的文章均未发表。

1939 年 6 月西拉德放弃了的铀 – 重水系统,决定用石墨做慢化剂,并经常与费米讨论石墨的吸收截面和铀与石墨最佳排列的栅格理论。西拉德认为实验已经进入十分关键的时刻,必须立即促使政府制造原子弹。但费米反应冷淡,这就是促使他独自与政府联系发展原子弹的因素之一。

图 10.2 为西拉德与爱因斯坦交流的照片。1939 年 7 ~ 8 月间,西拉德两次来到爱因斯坦的住处,请爱因斯坦致信给罗斯福总统。8 月 2 日爱因斯坦致信给罗斯福总统,

图 10.2 西拉德与爱因斯坦交流

与此信同时交给罗斯福的还有西拉德 1939 年 8 月 15 日写的备忘录,这个备忘录除了更详尽地解释了裂变研究最新进展及其意义外,再次提出了限制发表这方面论文的必要性。信和备忘录直到 10 月 11 日才送到罗斯福手中,经过一段时间的考虑和准备,美国于 1942 年 6 月正式实施利用核裂变来研制原子弹的曼哈顿计划,1942 年 12 月 2 日,费米领导的世界上第一座反应堆 CP - 1 实现可控的链式反应。1944 年 3 月,美国橡树岭实验室生产出第一批浓缩 235U。罗伯特·奥本海默领导的洛斯阿拉莫斯实验室,1945年 7 月 16 日成功地进行了世界上第一次核爆炸。图 10.3 为 CP - 1 反应堆。

1942 年 12 月 2 日,在芝加哥大学斯塔格运动场的看台下面,第一座自持的链式反应堆试验成功,人类终于成功地释放并控制了原子能。当人们欢呼雀跃之际,为此奔波了近 10 年的西拉德却忧心忡忡。在费米与西拉德握手庆贺时,西拉德说道:"这一天将被载入史册,成为人类历史上黑暗的一天。"

对于芝加哥的科学家来说,由于后期理论工作相对减少,在西拉德、玻尔等人的鼓励下,开始思考原子能的社会政治影响。遗憾的是,曼哈顿计划一旦展开,西拉德却被完全排斥在决策层之外,仅仅被当作一个技术人员来看待。他关于原子能的社会政治影响的思考很少被他的上司们所理解,他们也很少征求他的意见。

为了使政府对原子能的社会政治影响有一个清醒的认识,西拉德决定与罗斯福总统联系。爱因斯坦再一次给罗斯福写了推荐西拉德的信,西拉德写下了《原子弹和美国在战后世界中的地位》的备忘录。这一备忘录预言了战后的核军备竞赛,提出了控制原子能的设想。罗斯福的去世(1945 年 4 月 12 日)使西拉德的计划落空。在这之后,尽管西拉德做过多方努力,但原子核释放的能量已经成为政府手中的权力。科学家,尤其是西拉德这样的移民科学家,再也没有办法控制原子弹的使用了。

尽管西拉德是第一个动议研制原子弹的人,是"真正的原子弹之父",(奥本海默是

图 10.3 CP－1 反应堆

名义上的原子弹之父),但他这样做纯粹是为了对付纳粹德国。当德国投降后,日本根本没有制造原子弹的计划和能力,这种目的已经不复存在时,他第一个提出了"继续发展原子弹目的何在的问题",西拉德也是第一个提出反对使用原子弹的人。1945年6月西拉德向奥本海默说"使用原子弹攻击日本是一个严重错误"。在西拉德发起和参与下写成的《弗朗克报告》于1945年6月正式向政府提出不使用原子弹攻打日本的建议。为了加强道义的力量,西拉德1945年7月联合69位原子科学家给美国总统杜鲁门写了反对使用原子弹的请愿书,科学家们的抗议并没有产生直接影响。1945年8月原子弹的使用终于使世界在残酷无情的道路上迈出实质性的一步,如图10.4所示,美国投到日本广岛的"小男孩"原子弹,核装药为10 kg的235U,爆炸威力14 000吨TNT当量。

图10.4 美国投到日本广岛的"小男孩"原子弹,核装药为10 kg的235U,爆炸威力14 000吨TNT当量

西拉德此时清醒地认识到,要想增强道德的力量,必须把真相告诉公众及社会。在

他的动议下,1945 年下半年召开了一次很多政要参加的关于国际控制原子能、核查问题、联合国等的会议,这次会议为即将到来的科学家反核战争和平运动进行了组织上的准备。

此后美国陆军部起草了一个军管原子能的议案(梅－约翰逊议案)。为了反对这个议案,西拉德发起了一场声势浩大的运动,最终这个议案未能通过。在反对梅－约翰逊议案的斗争中,西拉德在报纸、电台上频繁发表自己的看法,在公众中树立起反核战争和平运动领袖的形象,逐渐扮演起"核和平之父"的角色。

第二次世界大战以后,西拉德为核和平及核裁军而倾注了全部的心血,他从不谈及由于他在研制原子弹中所起的作用而产生的内心的感受。当 E. 特勒研制氢弹的计划得到官方资助时,西拉德说:"特勒将会知道负罪感是什么滋味了"。

西拉德 1947 年夏正式转行搞生物学研究,这是由于他看到核物理带来如此恶果而决定改行。如果西拉德坚持在物理学界,他也许可以获得诺贝尔奖,但他却将自己对于原子弹的贡献视为一种耻辱,宁愿默默的忍受那份孤独、忍受着后半生的贫困,以至于他老年生病都是朋友们凑钱才使他住进了医院。西拉德宁愿"毁掉"自己的成果,选择了保持人类应有的良心和做人最基本的尊严。

2. 莉泽·梅特娜(Lise Meitner,1878 ~ 1968)

1994 年 5 月 IUPAC(国际纯粹化学与应用化学联合会)通过一项决议,建议把第109 号元素命名为 Meitnerium,以纪念核物理学家莉泽·梅特娜,如图 10.5 所示。这是一位需要重新被发现、需要被公正对待的伟大女性,与大家熟知的居里夫人不同,这种肯定是在这位伟大女性度过了她曲折漫长充满歧视的 90 个春秋后的 26 年。

图 10.5　莉泽·梅特娜(1878 ~ 1968)

　　梅特娜出生在奥地利维也纳的一个犹太家庭,八个孩子中她排第三,她的父亲是奥地利第一个犹太律师。1905 年,梅特娜在维也纳大学获得物理学博士学位,成为该校第二个女博士。毕业后梅特娜来到柏林,物理学家普朗克破例允许这个女性听他的课,一年后梅特娜成为普朗克的助教。

　　1907 年梅特娜加入化学家哈恩的研究小组,从此两人开始了长达 30 年的合作研究。合作刚一开始不到 2 年,梅特娜作为助手与哈恩发现了几种新的同位素,1909 年共同发表了两篇论文。图 10.6 为梅特娜与哈恩一起做实验。1912 年哈恩－梅特娜研究组进入新成立的凯撒－威廉研究院,梅特娜作为不拿薪水的客座研究人员在哈恩的放射性化学部工作,1913 年 35 岁时她才在布拉格获得副教授的职位,在凯撒－威廉研究院得到一个固定位置。

图 10.6　梅特娜与哈恩一起做实验

　　1914 年第一次世界大战爆发,哈恩应征入伍,梅特娜作为护士负责 X－射线设备的操作,两年后她回到了柏林继续从事科研工作。1917 年梅特娜发现并分离出新的长寿命核素 Pa,研究论文以哈恩作为第一作者在 1918 年发表,梅特娜被柏林科学院授予了莱布尼茨奖章。同年研究院为她成立了化学研究部。1922 年,她发现了原子发射的一个电子导致另一个或多个电子被发射出来的现象,但是该效应因 1923 年法国科学家"俄歇"独立发现被命名为"俄歇效应"。

　　1926 年,梅特娜成为在德国的第一个担任柏林大学物理教授一职的女性。在那里,她开展了核物理研究,最终导致她发现核裂变的合作。爱因斯坦称她为"德国的居里夫人"。1930 年,梅特娜在西拉德组织的研讨学会讲授核物理和化学。随着 30 年代初中子的发现,科学家们用中子轰击各种元素,相信有可能创造元素比铀(92 号元素)还重的元素。英国的卢瑟福、法国的约里奥居里、意大利的费米、德国的哈恩－梅特娜等开始制造超铀元素的比赛,有关各方认为,这种抽象的研究结果可能获得诺贝尔奖。没有人质疑这项研究能否最终用在核武器上。1933 年希特勒掌权时,梅特娜担任化学所主任. 当时很多犹太科学家被辞或者被迫离开德国,她没有理会这些而是继续埋头实验。后来她回忆道"自己当时没有立即离开是个错误愚蠢的决定"。之后她的情况变得很糟糕,在其他科学家的帮助下,梅特娜仅携带 10 马克以及哈恩给她的以备急需的一枚钻戒,于 1938 年 7 月逃到荷兰。之后在瑞典斯德哥尔摩一家实验室找到了工作,但是却备受实验室主任的歧视。

1934 年,意大利的费米小组用中子轰击铀时,发现铀被强烈地激活了,并产生出多种元素。他们认为,在这些铀的衰变产物中,有一种是原子序数为 93 的新元素。这是由于中子打进铀原子核里,使铀的原子量增加而转变成的新元素。费米等人关于 93 号新元素的实验报告发表后,世界各国的报纸立即进行了轰动性的报道。关于 93 号元素问题,在各国科学家中引起一场激烈而持续的争论。有不少人肯定,也有不少人持怀疑态度。1934 年 10 月,费米研究小组意外地取得另一项重大发现:中子在到达铀之前,和含氢物质中的氢原子核碰撞,速度大大降低;这种降低了速度的热中子(或称慢中子)更容易引起铀的核反应。使用慢中子轰击原子核很快被各国科学家采用。

1938 年 11 月,也就是"93 号元素"发现 4 年多以后,费米获得诺贝尔物理学奖,"表彰他认证了由中子轰击所产生的新的放射性元素,以及他在这一研究中发现由慢中子引起的反应"。就在这一年的 11 月,哈恩到哥本哈根与梅特娜见面,讨论了新一轮的实验计划,之后双方多次通过书信交流想法。哈恩和斯特拉斯曼合作,用慢中子轰击铀元素,而且用化学方法分离和检验核反应的产物,获得了令人难以置信的结果:铀在中子的轰击下分裂成两种元素,它们不是 93 号新元素,而是 56 号元素钡。但是哈恩无法解释其中的机理,把实验结果写信给梅特娜。

梅特娜和她的侄子弗里希第一次阐明了核裂变的理论,认为铀分裂成钡外,另一个元素是氪,同时释放出几个中子和能量;解释了没有原子序数大于铀的天然稳定核素存在的原因。梅特娜首次认识到爱因斯坦质能方程,解释了裂变能的释放机制。

1938 年 11 月 22 日,也就是在诺贝尔奖颁发后的 12 天,哈恩把分裂原子的报告寄往柏林《自然科学》杂志,该杂志 1939 年 1 月便登出了哈恩的论文,推翻了费米的实验结果。显而易见,诺贝尔奖搞错了! 梅特娜和弗里希一起对哈恩的实验结果做出了理论解释,并以来信的形式发表在 1939 年元月出版的《自然》杂志上。

得知哈恩的实验结果,费米的第一个反应是来到哥伦比亚大学实验室,利用那里较好的设备,重复了哈恩的试验,结果和哈恩的试验一样。这一事实,对费米来说无疑是难堪的。然而和人们的想象相反,费米坦率地检讨和总结了自己的错误判断,表现了一个科学家服从真理的高尚品质。

曼哈顿计划启动时，梅特娜拒绝加入这一工作，声明"我不会为原子弹做任何工作的"，原子弹在广岛使用后，她很遗憾人们发明了原子弹。

1944年，为了表彰哈恩于1938年首次用中子轰击铀使铀裂变，哈恩独自一人获得了诺贝尔化学奖。人们惊奇地发现，作为哈恩助手、与哈恩一起做裂变实验的斯特拉斯曼却没有与之分享。事实上，诺贝尔奖金应当由哈恩、斯特拉斯曼和梅特娜共享。哈恩则认为自己单独承担这个发现，尽管他无法解释这个实验结果。莉泽·梅特娜没有获得诺贝尔奖，但仍是许多重要荣誉的得主，包括后来与哈恩和斯特拉斯曼共享费米奖、哈恩和平奖等。美国女核科学家霍夫曼认为，作为核科学的先驱者的莉泽·梅特娜之所以能有这样的成就，其原因之一是她既是物理学家又是化学家，她既利用物理又利用化学研究问题。

10.1.2 核电诞生

二战结束后，美国和苏联开展了军备竞赛，核动力应用首先在潜艇、舰船、航天领域。美国研制的堆型以压水堆为主，为潜艇研制压水型动力装置 Mark 1，于1954年鹦鹉螺号核潜艇下水实验。1959年美苏核动力舰成功下水。

1953 美国总统艾森豪威尔呼吁世界要和平利用原子能。其实在他发出呼吁之前，前苏联、英国、法国以及美国等已经着手进行民用核能的发展计划，1951 年世界上第一个能发电的反应堆是阿贡实验室的小型实验增殖堆 EBR－1 开始运行。

前苏联 1954 年建成的石墨慢化水冷压力管式 RBMK 堆是世界上第一个为商用发电的反应堆，1986 年切尔诺贝利核事故的反应堆就属于这种堆型。

1956 年英国在 Calder Hall 建成镁诺克斯（Magnox）原型发电堆，之后相继建成十几个该类型的反应堆，采用镁合金做包壳、天然金属铀为燃料、CO_2 气体作为冷却剂、石墨作为慢化剂。在此基础上，1964 年英国开发出 AGR 先进高温堆，不锈钢包壳提高了运行温度和发电效率，之后建造 7 个 AGR 堆。

美国在 1950 年前后进行多种堆型的筛选研究，1957 年建成美国第一个大型压水堆－希平港电站（Shippingport）。该堆是在潜艇堆 Mark 1 的基础上设计改进的，电功率 60 MW，1982 年退役。1960 年 GE 公司建造 250 MW 电功率的原型沸水堆 Dresden－1。

法国在同期建造 9 个类似 Magnox 的石墨气冷反应堆 UNGC，主要的差别在 UNGC 的包壳采用镁锆合金。

这一期间发展的反应堆属于原型堆，目的是验证反应堆的可行性，在反应堆发展史上称为第一代反应堆，如图 10.7 所示，反应堆的安全性和经济性都较差。

10.1.3 核电快速发展

战后经济复苏和发展需要大量的能源，经过 10 多年的原型堆实验，自 20 世纪 60 年代到 80 年代，核电进入了快速发展阶段，核能国家建造大量的 1000 MW 以上核电站。这些商用的反应堆属于第二代反应堆。

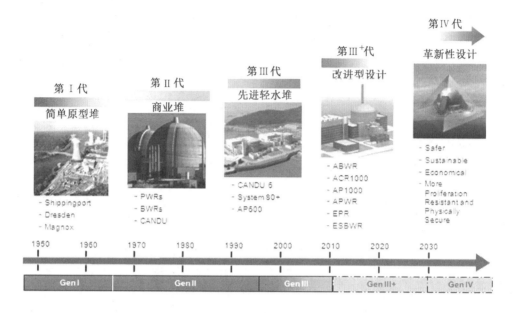

图 10.7　反应堆堆型发展

　　商业化发展最成熟的是美国西屋公司和 GE 公司的压水堆和沸水堆。20 世纪 70 年代前英国和法国共建造了 36 座石墨气冷堆后,由于在经济上无法与压水堆竞争,英法开始转向压水堆的建造。

　　加拿大把重水堆作为发展重点,建造了重水型 Candu 堆以及改进型重水堆。

　　除了发展商业化的压水堆和沸水堆,美国、法国和苏联设计建造实验快堆,英国、德国和美国发展了氦气冷却的高温气冷堆。与镁诺克斯和 AGR 堆型相比,高温气冷堆关键性突破在于燃料元件和冷却剂方面的改变。它采用全陶瓷型包覆颗粒燃料元件,氦气为冷却剂,石墨作为慢化剂和堆芯结构材料,堆芯出口氦气温度可达 950℃,甚至更高。高温气冷堆已于 20 世纪六七十年代完成了试验堆电站和原型堆电站两个发展阶段。英国于 1960 年开始建造热功率为 20 MW 的试验高温气冷堆“龙堆”(Dragon),1964 年 8 月首次临界,1966 年 4 月达到满功率运行,氦气出口温度为 750℃,在完成了预定的运行和试验计划后,于 1976 年关闭。美国于 1967 年建成并运行了电功率为 40 MW 的桃花谷(Peach Bottom)高温气冷试验堆,1974 年 10 月按计划完成试验任务后停堆退役。联邦德国也于 1967 年建成了电功率为 15 MW 的球床高温气冷堆试验电站(AVR),成功地运行了 21 年。

　　接着高温气冷堆进入了原型堆示范电站阶段,美国于 1976 年建成热功率 840 MW 的圣·符伦堡高温气冷原型堆电站,德国于 1985 年建成热功率 750 MW 球床高温气冷堆(THTR - 300)。经过三座试验堆和两座原型示范堆的建造和运行,高温气冷堆在设计、建造和运行等方面都积累了成功的经验,开始按计划进入商业运营阶段。但随后由于石油危机带来的经济衰退,加上强大的轻水堆商业化背景,使得高温气冷堆的商业化发展搁浅。

第二代反应堆是商业化运作的结果,过分强调提高功率、降低成本,在设计上存在一些安全隐患,反应堆材料也存在很多不安全的问题。

10.1.4 核电萧条期

1979 年的美国三里岛核事故和 1986 年前苏联的切尔诺贝利核事故,将核电带入了萧条期。从 20 世纪 80 年代到 2002 年这一时期内,只有日本、法国和中国等少数国家继续发展核电,一些国家开始着手研究反应堆的延寿问题,试图将现有反应堆的使用寿命由 40 年延长到 60 年,以获取更大的利润。核事故促使人们重新考虑反应堆的设计,研发更安全反应堆。法国和日本等研究第三代核电技术,如 90 年代末日本建造的 1 350 MW 电功率先进沸水堆,预示核电复苏即将到来。以美国为首的国家则在 90 年代末期开始了第四代反应堆的设计和实验研究。

10.1.5 核电复苏期

全球经济的发展、温室气体排放的压力,特别是亚洲国家经济的强势发展,发展核电成为解决能源问题和环境问题的首选,核电在新世纪开始逐渐进入了复苏阶段。代表性的堆型是 2004 年芬兰开始建造的 1 600 MW 电功率的第三代压水堆 EPR,美国、法国等也开始计划建造新的堆型。发展势头最猛的是中国,在"十一五"期间批准建造新的核电站达 13 个,计划在 2020 年核发电装机容量达到 4 000 万千瓦,核电占 4% 份额。除了 EPR、AP1000 第三代压水堆型外,200 MW 电功率的高温气冷示范堆项目 HTR – PM 启动。美国启动新的核能计划,先进的核燃料循环是核能计划的核心,涉及核燃料循环的三个问题:

(1) 环境影响问题;

(2) 核扩散问题;

(3) 铀资源的可持续性问题。

这期间重大的国际合作项目包括:第四代反应堆研究计划、国际热核聚变实验堆(ITER)计划。

相对于裂变堆,聚变堆的实现有着极大的难度,等离子体约束和稳定性、耐高温耐辐照的材料等问题还需要开发研究。科学家们发现轻核聚变和重核裂变都在 20 世纪 30 年代前后,而第一座可控自持裂变堆在 1942 年就实现了,1954 年建成了基于裂变的试验核电站。而基于热核聚变的首枚氢弹在 1952 年试验成功后,至今已经 60 年,热核聚变的实验堆仍然没有实现。

ITER 计划是在 1985 年的日内瓦峰会上由美国前总统里根和前苏联总书记戈尔巴乔夫共同提出倡议,并由国际原子能机构支持的超大型国际合作项目,目的在于验证磁约束聚变能科学可行性和工程技术可行性。参与国家包括美国、俄罗斯、欧盟、中国、印度、日本、韩国等共涉及 33 个国家。经过多年谈判,于 2005 年 6 月达成了在法国建造 ITER 工程的协议,ITER 预计 2019 年底建成,2037 年底完成运行与开发利用,5 年时间去活化处理,2042 年底进行退役处理。ITER 设计聚变功率输出 50 ~ 70 万千瓦,等离子体发电脉冲 500 ~ 1 000 s。

核聚变的发展大致为六个阶段,即原理性研究阶段、规模试验阶段、氘氚点火燃烧阶段、工程物理实验阶段、示范堆阶段、商业化堆阶段。目前聚变堆研究处于氘氚点火燃烧阶段。

10.1.6 福岛核事故后核电走向

2011 年 3 月 11 日发生的日本大地震以及由此引发的福岛第一核电厂核泄漏事故,正在演变为日本二战后最惨烈的社会经济灾害。尽管现在地震发生已经过去 1 年半了,但是至今不仅无法把握直接受害的全部情况。至于核泄漏事故方面,也不能正确地控制事故过程。从陆地、空中到海面广泛扩散的放射物污染会持续到何时,何如阻断和隔绝污染源和核污染扩散通道,还完全不能确立最终解决的目标。

核事故除了造成经济、生命损失,对核电发展也造成重要影响,加大公众的核恐惧。福岛核事故后,世界各国放慢了核电开发的速度,另一方面发展更高安全的反应堆成为众多科学家的共识。

10.2　主要的商用反应堆

目前商用供电用的核电站主要堆型有压水堆 PWR、沸水堆 BWR 和重水堆 HWR。其中正在运行的反应堆中,压水堆占 60% 左右,沸水堆占 20% 左右。

核电站与火电站都是由两部分组成,一部分是蒸汽供应系统,另一部分是汽轮发电机系统。两种电站的汽轮发电机系统基本上是相同的,不同的是蒸汽供应系统。核电站的蒸汽供应系统是由核燃料在反应堆内发生链式裂变反应,放出原子核能加热工质产生蒸汽;而火电站的蒸汽供应系统是由煤或石油在锅炉内燃烧,放出化学能来产生蒸汽。

核电站中的能量转换借助于三个回路来实现,反应堆冷却剂(水、重水、氦气、液态金属等)在主泵的驱动下进入反应堆,流经堆芯后携带热量从反应堆容器的出口管流出,进入蒸汽发生器,然后回到主泵,这就是反应堆冷却剂的循环流程(亦称一回路流程)。在循环流动过程中,反应堆冷却剂从堆芯带走核反应产生的热量,并且在蒸汽发生器中,在实体隔离的条件下将热量传递给二回路的水。二回路水被加热,生成蒸汽,蒸汽再去驱动汽轮机发电。作功后的乏蒸汽在冷凝器中被海水、河水、冷却水等(三回路水)冷凝为水,再补充到蒸汽发生器中。

10.2.1 压水堆和沸水堆

压水堆和沸水堆属于轻水堆,其工作原理如图 10.8 所示,在正常运行条件下,压水堆内的一回路的水由于受到约 15 MPa 的压力,即使温度达到 500℃ 左右也处于"液态"。一回路高温液态水进入蒸汽发生器,使二回路的水加热沸腾,产生蒸汽带动气轮机运转。

而沸水堆内一回路的水压力较低(约 7 MPa),加热后处于汽、液两相的状态,水蒸气从反应堆容器排出直接带动汽轮机发电,减少了二回路装置。因此沸水堆具有更高的发电效率。

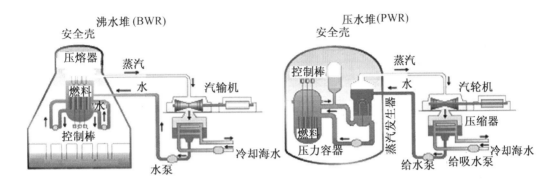

图 10.8　压水堆与沸水堆的工作原理图

反应堆必须向第三代反应堆发展的要求始于 1979 年美国三里岛核事故,其主要目标是要提高现有反应堆的安全性。第三代出现前,已经有了两代半的反应堆技术,如日本 1997 年投入运行的柏崎·刈羽核电站两台机组,法国分别于 1996 和 1999 年投入运行的舒兹和希沃 N4 系列机组。

第三代反应堆派生于目前运行中的反应堆,主要是第三代压水堆和沸水堆。反应堆设计基于第二代的原理,并在技术上汲取了这些反应堆几十年的运行经验。1993年,法国和德国的核安全机构批准了未来压水堆安全的发展方向,并确定了新的安全参考标准。新的安全发展方向规定,假如发生严重事故,放射性及其效应不得影响到电厂以外。在自 1992 年开始的欧洲压水堆(EPR)的研究和设计工作中,固有安全被作为首要参考因素。加强安全主要表现在,为了进一步降低事故发生概率,增加了安全装置的冗余度,提高材料的性能,而且增加的非能动安全设计可确保机组在发生事故时仍能正常运行。所谓固有安全性,指反应堆出现异常情况时,不依赖人为的操作或外部系统、设备的强制干预,而仅依赖堆的自然和非能动机制,使反应堆趋于正常运行或安全停闭的安全性。AP1000 和 EPR 反应堆有以下明显优点:

(1) 任何事故情况下,反应堆都具有自行停堆能力;

(2) 反应堆具有非能动安全性,任何情况下,剩余发热可以依靠自然对流等非能动机理导出;

(3) 电站的安全不受人的错误操作影响;

(4) 压力容器厚度增加,安全壳采用双层或多层,放射性产物不会发生严重泄漏。

正在设计的第四代堆型中用轻水作为冷却剂的只有超临界水堆系统,如图 10.9 所示,系统在水的热力学临界点(374℃,22 MPa)以上运行。超临界水是一种介于液体和气体之间的中间状态水,系统与沸水堆相似不需要蒸汽发生器,这样可以把发电设备的体积缩小约30%。核电站使用这种冷却方式还可使热效率达到44%,比现在的压水堆或沸水堆核电站提高10%。目前设计的反应堆的出口温度为510℃,燃料是氧化铀。采用了类似沸水堆的非能动安全设施。

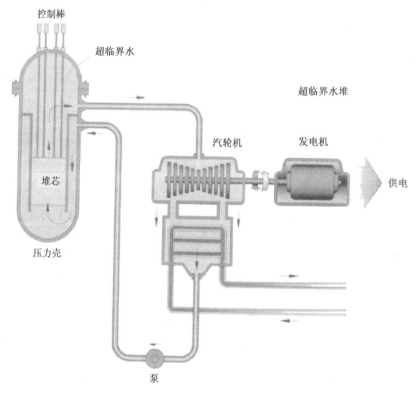

图10.9 超临界水堆系统示意图

轻水堆的主要部件包括燃料元件、控制棒、压力容器和传热管。水既是慢化剂也是冷却剂。

1. 燃料元件

目前燃料为UO_2,$235U$的加浓度在4%左右。芯块是由UO_2烧结而成的,呈小圆柱形,如图10.10所示,直径为9.3 mm。把这种芯块装在两端密封的锆合金包壳管中,成为一根长约4 m、直径约10 mm的燃料棒。多根燃料棒组合一起构成燃料组件,图10.11为轻水堆燃料组件。

UO_2为面心立方结构,晶胞中心的间隙可容纳裂变产物,使得UO_2具有良好的辐照稳定性和滞留裂变产物的能力。金属U在很低的温度下(660℃)就发生结晶状态的转变,这个相变伴随较大的体积变化,严重损害了元件的完整性。与金属U不同,UO_2一直到熔点都是单相的,在1 400℃以上发生晶粒长大,高于1 700℃由于蒸发凝结机理产生气孔迁移。晶粒长大和气孔迁移促使燃料内部高温区的裂纹愈合,促进燃料肿胀和非溶性裂变气体Xe、Kr及挥发性裂变产物的释放,因此为减少肿胀和裂变产物的释放,轻水堆设计时把燃料中心温度限制在1 400℃以下,并且芯块保留少量的孔隙。与

图 10.10 UO₂ 芯块

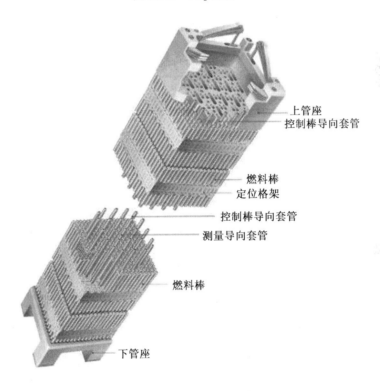

图 10.11 轻水堆燃料组件

金属 U 相比,UO₂ 的缺点是热导率低和铀原子密度低(铀原子密度低导致了热堆的堆芯体积较大)。由于 UO₂ 的热导率低,在反应堆启动或停堆时,燃料元件存在较大的温度梯度,燃料棒外层温度低,中心温度高,由于氧化物的脆性和高的热膨胀系数,受包壳约束使 UO₂ 芯块边缘将发生开裂,出现径向裂纹。

包壳主要作用是保证燃料棒形状和尺寸稳定,容纳裂变产物,防止燃料与冷却剂接触。对包壳材料的要求包括低的中子吸收截面,耐冷却剂腐蚀,与燃料相容性好,合适的强度和塑性,耐温,耐辐照,导热率高,加工性能好等。目前大多数在役的轻水堆采用

Zr - 4 合金作为包壳。

UO_2 燃料是反应堆阻挡裂变产物释放的第一道屏障，大部分裂变产物滞留在 UO_2 芯块中。Zr 合金包壳是第二道也是最主要的屏障。为了提高反应堆燃耗，采取的方法包括增大 UO_2 晶粒尺寸，由目前的 15 μm 提高到 30 μm；或者采用纳米晶 UO_2 芯块；将高温气冷堆的包覆燃料颗粒装入 Zr 包壳内的燃料元件，是近几年压水堆元件的一个研究课题。用新型 ZrNb 系的 M5（法国牌号）或者 Zirlo 合金（美国牌号）代替目前的 Zr - 4 合金。第三代 AP1000 反应堆将采用 Zirlo 合金，该合金具有更好的抗腐蚀能力。

温度超过 1 000 ℃ 时，Zr 与水发生剧烈反应生成 H_2，福岛核事故其中一个原因是发生了 Zr - H_2O 反应，H_2 与空气接触发生爆炸。在 Zr 表面预先形成一层致密的 ZrO_2 薄层，可以提高包壳的抗腐蚀性能，甚至避免锆水反应。表面形成其他陶瓷如 SiC、或者直接采用 SiC 纤维增强 SiC 陶瓷替代 Zr 合金包壳的研究正在进行。但是部分研究结果表明，SiC 易于与水反应形成易挥发的 SiO 而不是保护性的 SiO_2，造成 SiC 材料的腐蚀。

2. 压力容器和蒸发器传热管

反应堆压力容器是装载燃料组件、支撑堆内构件和容纳冷却剂、慢化剂并维持压力的承压壳体，与一回路管道共同构成冷却剂压力边界，是阻挡裂变产物释放的第三道屏障。一个 900 MW 的压水堆，压力容器高约 12 m，直径约 3.9 m，壁厚约 0.2 m。压力容器在反应堆寿期内不可更换，对它的材料要求有：强度和韧性好，抗辐照耐腐蚀，组织热稳定性好，易于加工和焊接。目前轻水堆以 A508 - 3 钢为主。

为了保证散热一个蒸发器内有上千根 U 型传热管，传热管是一回路边界最薄弱的部位，运行过程受到腐蚀、振动、冲刷、颗粒磨损等作用容易出现泄露现象。主要材料为镍基合金 Inconel - 690。

10.2.2　重水堆

商业模式的重水堆核电站主要是指加拿大设计的压力管卧式重水堆，常称为坎杜堆（Candu）。重水的中子吸收截面小、慢化性能好，因此可以用天然铀作为核燃料。另外这种堆可以实现不停堆装卸和连续换料。

压力管式重水堆主要是重水慢化、重水冷却，而重水慢化、轻水冷却的反应堆则较少。重水慢化、重水冷却堆：由于全部采用重水，中子经济性好，燃料为天然二氧化铀制成的芯块，节省铀资源。如图 10.12 所示，排管式堆容器不承受压力，重水慢化剂充满堆容器。有许多燃料通道管贯穿反应堆容器，在燃料通道管内是锆合金压力管，如图 10.13 所示，管内部充满 10 MPa 的重水冷却剂。0.5 m 长的燃料棒束，如图 10.14 所示，插入压力管中，装卸时借助支承垫可在水平的压力管中滑动。在反应堆的两端，各设置有一座遥控定位的装卸料机，可在反应堆运行期间连续地装卸燃料元件。

重水堆燃料的包壳采用 Zr - 4 合金，UO_2 芯块制备工艺与压水堆相似。

如果采用低浓度铀燃料，可节省天然铀 38%。重水堆不需要大型压力容器，燃料、设备制造比较简单，重水堆的主要缺点是体积比轻水堆大。

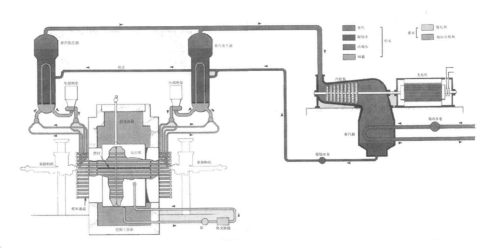

图 10.12 重水慢化、重水冷却的压力管式重水堆工作原理

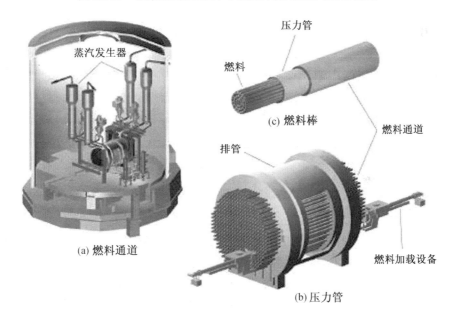

(a) 燃料通道

(b) 压力管

(c) 燃料棒

图 10.13 燃料通道、压力管和燃料棒束示意图

图 10.14 重水堆燃料棒束

10.3 快 堆

1951 年美国的快堆 EBR - 1 首次发电成功后,前苏联、法、英、日等国家相继发展了快堆,主要有美国 EBR - Ⅱ、FFTF、俄国 BH - 600、法国的超凤凰堆、英国 PFR、日本的常阳堆和文殊堆。发展快堆的驱动力是充分利用天然铀资源。

尽管利用热中子反应堆可以得到巨大的核能,但是,在天然铀中,仅有 0.714% 的铀同位素²³⁵U,能够在热中子的作用下发生裂变反应,而占天然铀绝大部分的铀同位素²³⁸U 却不能在热中子的作用下发生裂变反应。

²³⁵U 一次裂变可放出 2.43 个快中子;维持链式反应只有一个中子就够了,余下的 1.43 个中子可让²³⁸U 吸收,使大部分的²³⁸U 变成²³⁹Pu,其中一小部分中子引起了²³⁸U 裂变。每发生一次核裂变,就可产生一个以上新的核燃料²³⁹Pu。当这种新产生的核燃料与所消耗的核燃料之比值大于 1 时,就称为增殖,其比值称为增殖比。如果这个比值低于 1,就称为转换比。对热中子堆,浪费中子较多,这个比值不可能大于 1,一般气冷堆约为 0.8,轻水堆约为 0.5,而快堆的增殖比在 1.1 ~ 1.4 之间。由快中子来引起裂变链式反应的反应堆,叫做快中子反应堆(简称快堆)。快堆中常用的核燃料是 U - Pu 混合燃料,²³⁹Pu 发生裂变时放出来的快中子被周围的²³⁸U 吸收,又变成²³⁹Pu。这就是说,在堆中一边消耗²³⁹Pu,又一边使²³⁸U 转变成新的²³⁹Pu,而使新生的²³⁹Pu 比消耗掉的还多。

理论上快堆可以将²³⁸U、²³⁵U 及²³⁹Pu 全部加以利用。但由于反复后处理时的燃料损失及在反应堆内变成其他种类的原子核,快堆只能使60% ~ 70% 的铀得到利用。即使如此,也比目前热堆中的压水堆对铀的利用率高 140 倍,比重水堆高 70 倍以上。由于贫铀、乏燃料、低品位铀矿乃至海水里的铀,都是快堆的"燃料"来源,所以快堆能为人类提供的能源,比热中子反应堆大几千倍。

由于在快堆内²³⁹Pu 裂变后放出的中子比²³⁵U 多,所以快堆内最好用²³⁹Pu 作为核燃料。最经济合理的办法,还是利用热中子反应堆中积累的工业钚。在目前的核电站中,由于重水堆消耗的核燃料少,积累的工业钚多,所以用重水堆为快堆积累工业钚,也就是建立重水堆 - 快堆组合体系,从核燃料循环的角度看来,最为有利。

原子弹和快堆虽然都没有慢化剂,而且都是用快中子引发裂变,但存在原则上的差别:

第一,原子弹使用钚或高浓铀,²³⁸U 的量没有或者很少。而快堆中²³⁸U 很多。²³⁸U 俘获中子后大多不会裂变,它要转化为²³⁹Pu 后才易裂变。经过这道转换后,作为核电站用的快堆的能量释放速度,就受到极大限制。

第二,原子弹内与裂变无关的材料少。而快堆为了维持长期运行,并将堆内原子核裂变产生的热送出来,堆内有大量的结构材料和冷却剂。它们的存在既增加了中子的吸收,又使中子的速度有一定程度的慢化,延长了中子存在时间。这是限制核电站用的快堆功率增长速度的另一个因素。

第三,原子弹采用高效炸药的聚心爆炸,使核燃料很快密集在一起,将链式反应的规模急剧扩大,也就是我们说的达到瞬发超临界状态;而快堆一旦达到瞬发临界,堆芯很快就会散开,难以维持链式反应。目前的控制手段已可以保证快堆不至于达到瞬发临界。

第四,原子弹的装料超过维持链式反应所需的量很多,而快堆的装料仅仅稍微多于维持链式反应的需要,并有负反馈效应。

由于以上这些原因,快堆不可能像原子弹那样爆炸。

目前,各国发展的快堆主要是用铀、钚混合氧化物作燃料,用液态钠作冷却剂的快中子增殖堆。在快堆中,由于快中子与核燃料中的原子核相互作用引起裂变的可能性要比热中子小得多,为了使链式反应能继续进行下去,所用核燃料的浓度(一般为12%～30%)要比热中子堆的高,装料量也大得多。快堆活性区单位体积所含核燃料比热中子堆大得多,它的功率密度比热中子堆大几倍,一般每升为400千瓦左右。图10.15为钠冷快堆的结构示意图。块堆的简单工作过程是:堆内产生的热量由液态钠载出,送给中间热交换器。在中间热交换器中,一回路钠把热量传给中间回路钠,中间回路钠进入蒸汽发生器,将蒸汽发生器中的水变成蒸汽,蒸汽驱动汽轮发电机组。快堆采用液态金属 Na、Pb 等作为冷却剂,因此快堆也称液态金属冷却堆(LMR)。

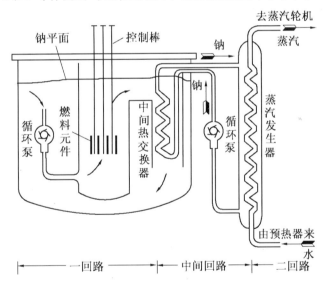

图 10.15 钠冷快堆的结构示意图

中间回路把一回路和二回路分开,这是为了防止由于水蒸气发生器泄漏,而与堆芯钠起激烈的化学反应,进而造成反应堆破坏事故。同时,也是为了避免发生事故时,堆内受高通量快中子辐照的放射性很强的钠扩散到外部。

快堆的主要优点有:

(1) 快堆不仅把铀资源的有效利用率增大数十倍,而且也将铀资源本身扩大几百倍以上。

(2) 快堆核电站是热中子堆核电站最好的继续。核工业的发展堆积了大量的贫铀

（^{238}U），可以用快堆来消耗以提高铀资源利用率；快堆可以燃烧热中子堆乏燃料中的长寿命核废料，减少核废料。

（3）快堆核电站具有良好的经济前景，因为它具有增殖核燃料的突出优点，所以发电成本在燃料价格上涨的情况下，仍能保持较低的水平。

据估计，石油价格上涨100%，油电站发电成本增加60%；天然铀价格上涨100%，轻水堆核电站发电成本增加5%，而快堆的发电成本只增加0.25%。

在第四代反应堆概念设计中，快堆占了其中的3/6，即气冷快堆、钠冷快堆和铅冷快堆。气冷块堆系统是快中子、氦冷反应堆如图10.16所示，采用闭式燃料循环。氦气冷却剂出口高温（850℃），可用于发电，生产氢或高效率处理热。省略蒸汽发生系统，采用氦气直接循环的燃气轮机可获得高的热效率。

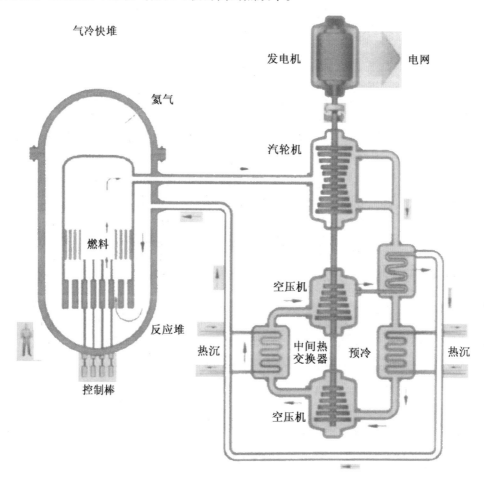

图 10.16　气冷快堆示意图

10.4   高温气冷堆

石墨气冷堆经历了三个发展阶段,产生了三种堆型:天然铀石墨气冷堆、改进型气冷堆和高温气冷堆。今后将发展模块式超高温气冷堆以及球床熔盐冷却的先进高温堆(PB－AHTR)。

早期的镁诺克斯堆的堆芯大致为圆柱形,是由很多正六角形棱柱的石墨块堆砌而成。在石墨砌体中有许多气体孔道,以便使冷却剂流过将热量带出去。从堆芯出来的热气体,在蒸汽发生器中将热量传给二回路的水,从而产生蒸汽。这些冷却气体借助循环回路回到堆芯。

由于镁合金包壳不能承受高温,改进型气冷堆采用不锈钢作为包壳材料,石墨仍然为慢化剂,二氧化碳为冷却剂。由于不锈钢的中子吸收截面比镁大,因此需要燃料采用 2% 的浓缩铀。改进型气冷堆的出口温度可达 670℃,它的蒸汽条件达到了新型火电站的标准。

高温气冷堆被称为第三代气冷堆。在这种反应堆中,陶瓷包覆型的 UO_2 颗粒作为燃料和耐高温的石墨结构材料,并用了惰性的氦气作冷却剂,这样就把气体的温度提高到 750℃ 以上。同时,由于结构材料石墨吸收中子少,从而加深了燃耗。另外,由于颗粒状燃料的表面积大、氦气的传热性好和堆芯材料耐高温,所以改善了传热性能,提高了功率密度。

图 10.17 为高温气冷堆结构示意图,它的简单工作过程是,氦气冷却剂流过燃料体之间,变成了高温气体;高温气体通过蒸汽发生器产生蒸汽,蒸汽带动汽轮发电机发电。也可以用高温氦气直接带动气轮机组发电,发电效率可以达到 50% 以上。

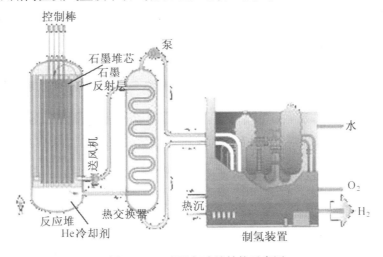

图 10.17   高温气冷堆结构示意图

高温气冷堆有特殊的优点:由于氦气是惰性气体,因而它不能被活化,在高温下也不腐蚀设备和管道;由于石墨的热容量大,所以发生事故时不会引起温度的迅速增加;

目前设计的高温气冷堆具有负的温度反应系数,即温度升高核反应性下将,大大增加了安全性。

高温堆的出口温度可以达到 950 ℃,高温气冷堆有可能为钢铁、燃料、化工等工业部门提供高温热能,实现石油和天然气裂解、煤的气化和液化、碘硫循环制氢等新工艺,开辟了综合利用核能的新途径。

10.4.1　包覆燃料颗粒

高温气冷堆采用包覆燃料颗粒作为其燃料的基本单元,如图 10.18 所示。燃料核芯为 UO_2 陶瓷微球,直径一般为 500 μm,从里到外的包覆层分别为:疏松热解炭层、内致密热解炭层、SiC 层和外致密热解炭层。包覆燃料颗粒的热解镀层是利用化学气相沉积原理在流化床沉积炉中制备的。制备疏松热解炭层、致密热解炭层和 SiC 层所用的原料分别为乙炔(C_2H_2)、丙烯(C_3H_6)或甲烷(CH_4)和三氯甲基硅烷(CH_3SiCl_3 简称 MTS)。氩气作为稀释和载带气体,使燃料核芯在流化床沉积炉中悬浮处于流化状态,同时又把原料气体载带入流化床沉积炉中。制备 SiC 层时采用氢气做载气。在流化床内的高温下,C_2H_2、C_3H_6 或 CH_4 和 MTS 分别发生如下化学反应

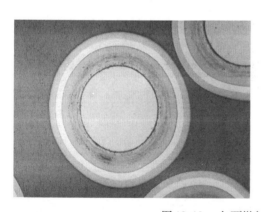

图 10.18　包覆燃料颗粒的结构

$$C_2H_2 \longrightarrow 2C(s) + H_2(g) \tag{10.1}$$

$$C_3H_6 \longrightarrow 3C(s) + 3H_2(g) \tag{10.2}$$

$$CH_4 \longrightarrow C(s) + 2H_2(g) \tag{10.3}$$

$$CH_3SiCl_3 \longrightarrow SiC(s) + 3HCl(g) \tag{10.4}$$

化学反应的固相产物在流态化的燃料核芯表面沉积,得到包覆燃料颗粒。

疏松热解炭层的密度小于 1.1 g/cm^3,即孔隙率为 50% 左右,为裂变气体提供储存空间、为核芯肿胀提供空间;内致密热解炭层阻挡裂变气体的释放;包覆层中 SiC 层就相当于压水堆的燃料包壳,阻挡气体和金属裂变产物的释放。

由于 SiC 陶瓷具有高的抗氧化性能、耐高温性能,而高温堆的事故温度一般设计在 1 600℃,因此事故温度下,SiC 仍保持结构的完整性。可以认为,包覆燃料颗粒决定了高温堆的安全性能,事故条件下不发生包壳熔化事故,裂变产物滞留在包覆颗粒内部。

在目前的包覆燃料颗粒研究和生产的基础上,人们正致力于开发高性能的包覆燃料颗粒,确保反应堆的安全性和提高高温气冷堆出口温度。

有人提出多层包覆燃料颗粒的设计方案,即在致密热解炭层中添加 SiC 或 SiC/C 的复合层,希望提高包覆燃料颗粒对钯(Pd)的耐腐蚀能力。由于 SiC 和 C 的热膨胀系数不匹配,SiC/C 界面存在热应力,梯度复合 SiC/C 层可以改善镀层的性能。

SiC 在 1 700 ℃ 以上会发生热分解和从 β - SiC 变为 α - SiC 的相转变,造成强度降低。为了提高燃料元件的性能,需要寻找比 SiC 更耐高温的替代镀层。ZrC 熔点(3546 ℃)比 SiC 高、中子吸收截面低和阻挡放射性裂变产物能力强,在 1 600 ℃ 时,Cs 在 ZrC 镀层中的扩散系数约为 3×10^{-18},比在 SiC 中的扩散系数低两个数量级。金属裂变产物 Pd 侵蚀 SiC 层是元件失效的重要原因,但 Pd 与 ZrC 不发生反应。因此 ZrC 被认为是最有前途的替代 SiC 的包覆层材料。从 20 世纪 70 年代起,美国、德国和日本等先后开展了 ZrC 包覆层的制备和辐照性能的研究工作。

为了增加放射性裂变产物储存空间和提高阻挡放射性裂变产物的能力,近来人们又提出采用更小直径燃料核芯(目前核芯直径在 400 ~ 500 μm)、厚疏松热解炭层和厚 SiC 层的包覆燃料颗粒的设计方案,以便燃料的燃耗和降低放射性裂变产物的释放率。

10.4.2 高温堆焚烧 Pu 和 Th 循环

从目前的技术来看,使用快堆烧 Pu 是一个最佳方案。在快堆没有商业化之前,采用热中子堆烧 Pu 引起人们的极大兴趣。$(U,Pu)O_2$ 燃料已经在轻水堆中使用,但轻水堆烧 Pu 的效率低。高温堆由于中子谱比轻水堆硬,研究表明高温堆烧 Pu 的效率高达 70%,从 20 世纪 70 年代开始人们就开始了高温堆烧 Pu 的研究工作,80 年代美国和俄罗斯合作开展利用高温堆烧军用或民用 Pu 的研究。高温堆烧 Pu 比较合理的方案是采用 $(Th,Pu)O_2$ 燃料代替 $(U,Pu)O_2$,以避免 ^{238}U 裂变产生新的 Pu。Th 本身不能作为燃料使用,但 Th 吸收中子后转变的 ^{233}U 与 ^{235}U 具有同样的可裂变性质,^{233}U 和 ^{239}Pu 是人造的核燃料。Th - U 循环的优点是可以在热中子作用下完成,因此利用高温堆可以实现这一循环。德国 THTR 高温堆的燃料是 $(U,Th)O_2$,烧去乏燃料元件的石墨后,分离提取增殖的 ^{233}U 作为燃料使用,优点是不存在 ^{239}Pu,没有核扩散的风险。

10.4.3 Th 燃料的优缺点

1. 优点

(1)世界上钍的资源储量大约为铀资源的 3 倍,我国具有丰富的钍资源,开展 Th - U 循环可以减少对铀的依赖,解决钍资源短缺的问题。

(2)由于 ^{232}Th 的热中子俘获截面大约为 ^{238}U 的 3 倍,在相同条件下,^{232}Th 转换为 ^{233}

U 的转换率比 ^{238}U 转换为 ^{239}Pu 的转换率要高。而且,由于在热中子反应堆中 ^{233}U 裂变产生的次级中子数比 ^{235}U 和 ^{239}Pu 都多,中子的经济性也较好。因此钍铀燃料循环在热中子反应堆中有可能实现核燃料自持或近增殖。

(3)钍循环中,钍基反应堆中积累的裂变产物毒性要比铀基的低,裂变产生的长寿命的锕系元素在数量上少得多,尤其是与钚循环相比。Th 核废料中裂变物质 ^{235}U、^{233}U 和各种 Pu 的同位素的数量、质量和裂变物质的可分性的指标均比铀核废料低得多。例如,同样规模的 Th 燃料反应堆与 U 燃料压水反应堆相比,每年的 Th 核废料只含 40 kg 的 Pu 和 40kg 的 ^{233}U,而铀核废料却含 250 kg ^{239}Pu。

(3)不仅每年的 Th 核废料比 U 核废料所含 Pu 的数量要少得多,而且 Th 核废料中的 Pu 质量也差得多。通常 4.34 kg 的浓缩 Pu(武器级)即可制造一颗原子弹,武器级的 Pu 必须是自发裂变率极低、当量损失概率极低、产热量极低(^{240}Pu 少)。Th 核废料中的 Pu 自发裂变率很高,是武器级 Pu 的一倍;当量损失概率是武器级 Pu 一倍;产热量是武器级 Pu 的一倍。Th 核废料中的 Pu 充其量只能制造不可预测的、低当量的、不稳定的原子弹,实际上几乎不能用于制造原子弹。因此 Th 燃料实际上是满足核不扩散要求的新型核燃料,其反应堆也是满足核不扩散要求的核反应堆。

(4)ThO_2 的熔点 3 300℃,可以允许更高的运行温度和燃耗。钍的氧化物与铀的氧化物、钚的氧化物具有类似的物理性质,可以用它们制造成混合核燃料。

2. 缺点

钍基反应堆需要驱动燃料来达到临界,驱动燃料可以是 ^{235}U、^{239}Pu 以及钍产生的 ^{233}U,当堆已经处于次临界的时候,也可以借助于外中子源如加速器产生的中子源。

从长远来看,钍基反应堆需要利用 Th 产生的 ^{233}U 做成类似 MOX 的燃料,这就意味着后处理工作将成为整个钍燃料循钚的一个部分,此工作比较困难。

存在 ^{233}Pa 效应。^{233}Pa 的半衰期是 27 天,这个时间对反应堆来说过长。在反应堆停堆很长一段时间后由于 ^{233}U 的生成而导致堆的反应性波动。

^{232}Th 的同位素以及 ^{233}U 伴生的 ^{232}U 的子代中存在硬 γ 射线(2 ~ 2.6 MeV),使得 ^{233}U 的燃料生产必须在屏蔽下进行。

湿法后处理需要 HF 溶解,设备腐蚀严重。

10.5　燃料循环

矿物质开采、提纯、分离浓缩、燃料元件加工、堆内运行、乏燃料后处理和放射性废物的处置等过程,是核燃料的整个循环过程,如图 10.19 所示。

国际上商用核电站主要是轻水堆,这些反应堆采用加浓度为 3% ~ 4% 的 UO_2 为燃料,运行达到一定燃耗后,当燃料中 ^{235}U 的量少于 0.8% 时,链式反应不再继续进行,元件成为乏燃料被排出堆外。反应堆继续补充新的燃料运行,一般换料周期为 12 ~ 18 个月。

到 2015 年世界现有反应堆排出的核废物(包括低放射性废物、中放射性废物和高

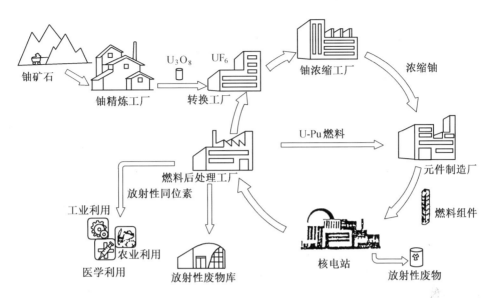

图 10.19   核燃料循环示意图

放射性废物）将达 25 万吨（重金属量），其中 2 900 吨超铀元素,11 500 吨裂变产物, 235 600 吨铀。核废物采取地下储存的方法,存在破坏生态环境、污染水资源的潜在风险;依靠自然衰变将失去宝贵的资源和能源。乏燃料中有大量的铀、钚、次锕系元素和裂变产物,将这些核元素进一步裂变、嬗变可以放出能量进行发电。对核废物中有用元素的分离、循环使用和长寿命放射性元素的嬗变处理可以有效减少核废物的数量,大幅度减小核废物的放射性,提高核燃料的利用率。核废料的后处理及其利用是核能可持续发展必须解决的问题。

UO$_2$ 燃料在热中子作用下裂变产物有 Pu、次量锕系元素 MA(Am ,Cm,Np 等) 和其他裂变产物(FP)。通常轻水堆乏燃料的成分为:95.6% U,0.9% Pu,0.1% MA,0. 3%(Ce 和 Sr),0.1%(I 和 Tc),其他稳定和低寿命的裂变产物为3%。将 U 和稳定低寿命裂变产物分离出(占98.6%),满足 C 类核废物处理标准。Ce 和 Sr 的半衰期较短,容易储存,I 和 Tc 半衰期较长,但它们很容易被嬗变转化为稳定的同位素。Pu 是核武器的主要原料,有核扩散的危险,MA 是长寿命放射性废物,MA 和 Pu 裂变时产生大量能量。

一次通过的燃料循环是指对乏燃料不作后处理,直接进行储存。核燃料的循环利用则是将乏燃料溶解后,从高放射性废液中分离出 Pu 和低浓 U,U 回到浓缩厂进行加工作为制备新的燃料,或者 U 与 Pu 混合制备(U,Pu)O$_2$ 混合氧化物燃料(MOX 燃料), MOX 燃料重新回到压水堆、快堆中进行裂变,剩余的高放废物(HLW) 则有两种选择: 一是直接进行玻璃固化或陶瓷固化;二是将 MA 与 FP 分离出来,制备成燃料在快堆或加速器驱动次临界系统(ADS) 进行嬗变,嬗变后产生低放射性核废物密封后在地下储存。

U、Pu 的分离以及 MOX 元件不再这里介绍,本节主要介绍 HLW 的陶瓷固化和 ADS

嬗变。

10.5.1　高放射性废物的陶瓷固化

目前高放射性废物(HLW)采用硼硅玻璃进行固化,但是玻璃的稳定性不好,在水环境下高放核素容易被浸出造成周边土壤的污染,渗入地下水造成地下水污染。陶瓷材料具有高的热稳定性、高热导率、抗水浸出性能好,被认为是第二代HLW固化材料。表10.1列出几种代表性的固化陶瓷材料。

表10.1　有代表性的固化陶瓷材料

类型	名称	化学组成
简单氧化物	氧化锆	ZrO_2
复杂氧化物	烧绿石	$(Na,Ca,U)_2(Nb,Ti,Ta)_2O_6$
	钙钛矿	$CaTiO_3$
	钙钛锆石	$CaZrTi_2O_7$
	荷兰石	$BaTi_8O_{16}$
	尖晶石	$MgAl_2O_4$
硅酸盐	硅酸锆	$ZrSiO_4$
	硅酸钍	$ThSiO_4$
	榍石	$CaTiSiO_4O$
磷酸盐	独居石	$LnPO_4$
	磷钇矿	YPO_4
	NZP	$NaZr_2(PO_4)_3$

较为理想的陶瓷类型是人造岩石,它是多相钛酸盐陶瓷体,主要包括钙钛锆石、荷兰石、钙钛矿和金红石等地球化学稳定的矿相,可将高放废液中几乎全部放射性核素固定在它们的晶格中。其中,钙钛锆石是最稳定的矿相,也是锕系核素的主要寄生相。

钙钛锆石通常表示为 $CaZrTi_2O_7$,它属于缺阴离子的氟石型超结构。其中 TiO_6 八面体以3元和6元环连接形成连续的层状物,这些层随 Ca 和 Zr 原子平面的交替而堆积,不同的堆积方式形成对称性不同的多型体结构,包括双层单斜型、3层三斜型和3层正交型等,图10.20为双层单斜结构示意图。

钙钛锆石固化核素的机理是核素取代 Ca、Zr 原子的位置,形成稳定的晶体结构。如 Pu^{4+} 取代 Zr^{4+},稀土和锕系元素取代 Ca^{2+} 或 Zr^{4+}。

天然钙钛锆石经过长期复杂的地质经历,包括接触地下水、风化和侵蚀等能稳定存在数亿年甚至更长的时间,这充分说明了钙钛锆石具有特别优良的化学稳定性。高放废物固化体包容放射性核素会产生自辐照效应,包容的锕系核素的α衰变所产生的原子离位损伤是引起固化体结构变化、体积膨胀和浸出率增大的主要因素。用天然钙钛锆石试验表明,天然钙钛锆石具有固定α放射性核素及其子体产物的能力,α衰变累积剂量达 $10^{20}\alpha/g$,天然钙钛锆石也能稳定存在,且α自辐照损伤对其浸出性无显著影响荷兰石成分组成为 $(Ba_x,Cs_y)(M,Ti)_8O_{16}$,$x+y<2$,M 为三价或四价阳离子。图10.21为荷兰石的结构示意图,可以看出,TiO_6 八面体排列构成隧道结构,阳离子可以容易地插入隧道中,因此荷兰石对大离子直径的裂变产物 Cs,Sr 等具有高的固化能力。

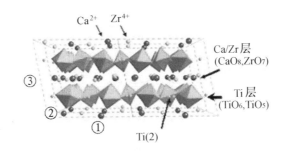

图 10.20　双层单斜结构的钙钛锆石

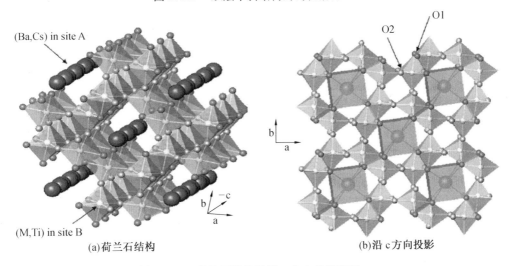

(a)荷兰石结构　　　　　　　　　　(b)沿 c 方向投影

图 10.21　荷兰石结构及沿 c 方向的投影图

陶瓷固化比较成熟的工艺是将陶瓷前驱体与高放废液混合、干燥、热压烧结成型。为了避免烧结过程核素的挥发,烧结温度一般要低于 1 200℃。

10.5.2　ADS 嬗变

长寿命核裂变产物的嬗变就是在中子的辐照下,裂变产物形成低原子量、稳定的、短寿命裂变产物。嬗变的基本要求是嬗变速率高,不产生新的增殖,经济安全。决定嬗变速率的因素是中子通量和核反应有效截面,嬗变系统要求有高的中子通量、快中子和大的核反应有效截面。快堆和 ADS 系统都可以实现放射性废物的嬗变。

如图 10.22 所示,ADS 的原理是利用加速器产生高频脉冲质子,高能质子轰击金属钨、铅等重金属材料,产生高通量、快中子(即裂变中子源),再利用中子轰击核废料产生嬗变,释放热能,通过发电系统转化为电能。

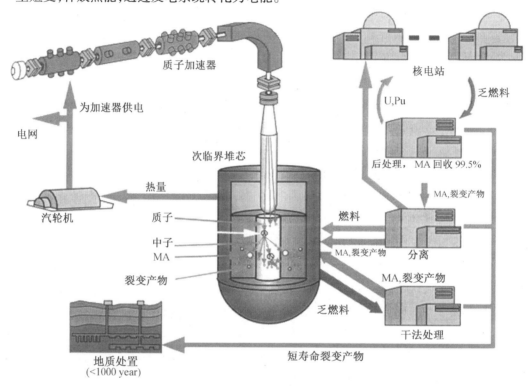

图 10.22　ADS 系统及其在燃料循环中的作用

如图 10.23 所示,ADS 的内部结构与反应堆相似,主要不同在于不是链式的中子反应,属于次临界反应装置,当切断质子通道或关闭加速器时,由于不产生中子,内部燃料嬗变反应就停止。冷却剂可以是液态金属、He 气或者熔盐等。

如果用 He 冷却,则燃料元件的形式与高温气冷堆相同,即先制备微球型陶瓷燃料,然后形成包覆颗粒,将包覆颗粒弥散分布在石墨基体中构成燃料组件。

如果采用液态金属冷却,燃料组件的形式与快堆相同,可以制备合金芯块或者陶瓷芯块,密封在不锈钢包壳中构成燃料组件。比较好的合金芯块是把 U、次锕系元素 MA 和 Zr 冶炼成合金,在一定温度和高压下氢化,成为 $U - MA - Zr - H$ 合金燃料,氢化物优点是热导率大。

弥散燃料元件可以减小肿胀、提高运行温度、延长元件寿命,因此 ADS 倾向使用弥散元件,即把燃料弥散分布在金属或陶瓷基体内。嬗变 Pu、次锕系元素 MA,可以使用 UO_2 作为基体,但是 U 裂变产生新的放射性核素,因此待嬗变核素掺入对中子惰性的材料中构成惰性基体元件(IMF)时,嬗变过程不产生新的放射性核素,乏燃料的毒性将大幅度降低。

正在研究的惰性基体材料包括氧化物陶瓷(如 ZrO_2,MgO,Al_2O_3,$MgAl_2O_4$,$Y_3Al_5O_{12}$,CeO_2 等)、ZrN、金属 Mo、陶瓷 – 陶瓷或陶瓷金属复合材料,已有的结果表明 MgO 综合性能最好,而 ZrO_2 的缺点是热导率低。

燃料在辐照时产生肿胀、变形,其中 Cm 元素的α衰变形成 He 气,是引起肿胀的重要原因之一。燃料颗粒的尺寸影响元件辐照肿胀行为,从图 10.24 可以看出,当燃料颗粒尺寸在 50 ~ 300 μm 之间时,元件的肿胀变形较小,实验结果也证实了这点,如图 10.25 所示。

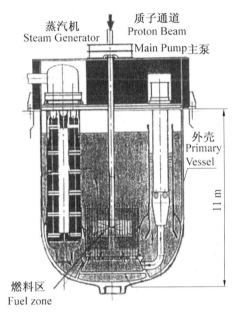

图 10.23　ADS 内部结构示意图

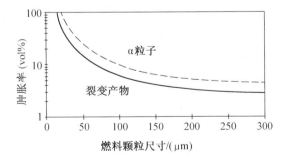

图 10.24　弥散颗粒尺寸与辐照肿胀率的关系

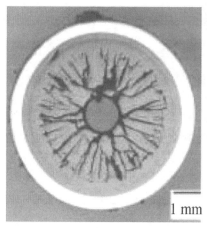 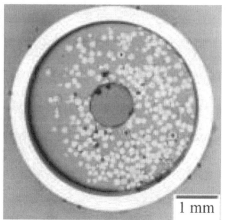

(a)细小燃料变形、开裂　　　　(b)粗颗粒燃料未变形开裂

图 10.25　辐照后元件形貌

当辐照剂量超过一定值即向高燃耗元件发展时,辐照产生的气体产物量不断增大,元件的肿胀是不可避免的,为了彻底解决肿胀问题,研究人员提出新概念的元件:燃料元件不再是圆柱状的芯块,而是粉末或者微球,直接将粉末或微球填充到包壳管内,如图 10.26 所示,振动密实,依靠粉末的边界释放气体产物,从而消除肿胀变形。

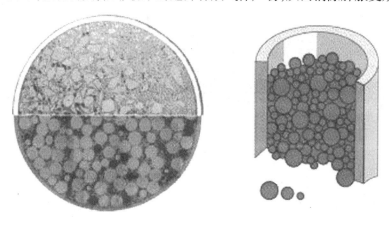

图 10.26　颗粒密实型元件(外层为金属包壳管)

10.5.3　聚变－裂变混合堆的嬗变

高能量中子对 MA 具有良好的嬗变效果,20 世纪 80 年代 Sahin 及 Yapici 等人的研究工作表明,MA 是聚变－裂变混合堆高效的裂变燃料,裂变后还可以产生核性能好的易裂变材料,如 ^{245}Cm、^{242}Am 等,^{245}Cm、^{242}Am 具有大的热中子反应截面。同期的一些研究工作表明,压水堆乏燃料经过聚变－裂变混合堆处理后可以再生,经过近 4 年再生处理后,燃料的加浓度可以达到3.8% ～ 8.1%。乏燃料的再生不仅可以解决铀资源短缺

问题,还可以简化后续处理工序减少后处理费用。

10.6 聚变反应堆及材料

原子核有质子和中子组成,它的质量就应该等于质子和中子的质量之和,然而精确的测量表明,每个原子核的质量小于组成它的质子和中子的质量之和,减少的那部分质量就是质量亏损。根据爱因斯坦的质能方程,质量亏损就是能量亏损,即质子和中子结合时,亏损的质量就是以能量的形式释放出来的。

两个轻核聚集一起形成较重的核时,也要发生质量亏损释放能量,即聚变能;相反,重核分裂成两个轻核时,也发生质量亏损释放能量,即裂变能。爱因斯坦的质能方程是裂变能和聚变能的理论基础。

聚变反应堆是指利用轻原子(氘,氚、氦等) 合成,释放大量结合能并加以利用的核反应堆。

核聚变反应包括

$$D + D \longrightarrow {}^3He + n + 3.25 \text{ MeV} \tag{10.5}$$

$$D + D \longrightarrow T + p + 4 \text{ MeV} \tag{10.6}$$

$$T + D \longrightarrow {}^4He + n + 17.6 \text{ MeV} \tag{10.7}$$

$$^3He + D \longrightarrow {}^4He + p + 18.3 \text{ MeV} \tag{10.8}$$

$$6 D \longrightarrow 2{}^4He + 2 n + 2 p + 43.15 \text{ MeV} \tag{10.9}$$

其中 D 为氘,T 为氚,n 为中子,p 为质子。6 个氘的聚变反应可产生 43.15 MeV 的能量,是氢燃料放出能量的数千万倍。除能量巨大外,海水中的氘是取之不尽用之不竭的,因此聚变堆可以从根本上解决人类能源资源不足的问题。与裂变堆比,燃料无放射性,系统更安全,不产生放射性废物。

由于 D – T 反应比 D – D 反应所需的温度要低一个数量级,因此设计聚变堆时一般先实现 D – T 堆。T 是依靠中子辐照 Li 而产生的,D – T 反应产生 He 和中子,其中中子能量为 14.1 MeV。

聚变反应要能够发生,参加反应的原子核要相互接近到核力作用范围内(约 3×10^{-9} μm),在接近到此距离之前,两个正电荷早就相互排斥阻止它们靠近了。需要设法使原子核具有足够的动能去克服电荷间的排斥力,因此有人设想用高能氘核轰击氚靶引起聚变反应,但计算表明发生聚变反应的几率很低。唯一可行的方法是把一定量的氘加热到上亿摄氏度,成为等离子体,使它们无规则地相互碰撞,只要将等离子体约束足够长的时间,就可以获得足够的聚变能,这种方法称为热核聚变。可见,实现热核反应的三个参数"等离子体密度、加热温度、约束时间"要达到一定的数值,而且作为商业发电,加热输入的能量要远远小于聚变释放的能量。

等离子体达到一定密度不是难题,采用高速中性粒子入射来加热等离子体也可以实现,唯一的难点就是如何把等离子体维持足够长的时间?

科学家提出的等离子体约束方法主要是惯性约束和磁约束,其中托卡马克环形磁约束装置是相对较好的约束方法,现在需要攻关研究的是延长约束时间。国际合作项目 ITER 提出的目标是约束时间达到 500 ~ 1 000 s。

托卡马克装置采用环形强磁场约束等离子体,高速中性粒子入射加热等离子体。图 10.21 是托卡马克聚变堆示意图,主要部件如下:

(1)第一壁,直接面向等离子体,构成等离子体室;

(2)偏滤器系统,它从 DT 反应中取出 He、除灰与杂质等,保证等离子不破裂。偏滤器外表面也是面向等离子体;

(3)包层系统,常见的设计中,第一壁也是包层的一部分,相当于在第一壁管道中挖出部分区域安放包层模块,它的作用是储存氚增殖剂、生产氚;将聚变能变成热能,由冷却剂带出;

(4)磁场屏蔽,保护磁系统免受损伤;

(5)燃料供应和等离子体加热热源;

(6)磁场系统;

(7)真空容器。

聚变堆的结构材料应在严酷的辐照、热、化学和应力等条件下保持尺寸稳定性和结构完整性。本节仅概要介绍第一壁结构材料、偏滤器材料和氚增殖剂材料。

10.6.1　第一壁结构材料

从图 10.27 看出第一壁作为结构部件类似于压力容器,要具有合适的力学性能,以保证构件完整。等离子体、聚变反应产生的高能中子、电磁辐射、带电或中性粒子等直接作用在第一壁表面。

等离子体与材料表面的相互作用包括:

(1)从被约束的等离子体中逃逸出来的离子轰击第一壁,引起材料表面原子的溅射,原子脱离材料表面;

(2)逃逸出来的离子与材料发生化学反应形成不稳定的化合物,脱离第一壁表面,即发生化学溅射,如 H 与 C 形成不稳定的 CH 化合物;

(3)聚变产生的 He 离子进入第一壁材料,聚集成 He 气泡,引起表面起泡、破裂等;

(4)从第一壁溅射出的原子、分子等杂质进入等离子体,与氘氚离子发生轫致辐射,破坏等离子体和危害聚变反应。

作为结构材料,要耐温、耐辐照、对中子活性低、易于加工等,合适的材料是不锈钢、钒合金等,限制 Mo、Nb、Ni 元素含量以降低中子辐照活性。但是钢铁材料的原子序数高,轫致辐射功率与原子序数的平方成正比,轻原子序数的材料轫致辐射功率低,因此需要在金属结构材料的表面形成一层低原子序数、抗辐照、耐温的 Be、石墨、B、B_4C、SiC、BeO、C – C 和 C – SiC 复合材料等保护层,该涂层也称面向等离子体材料。

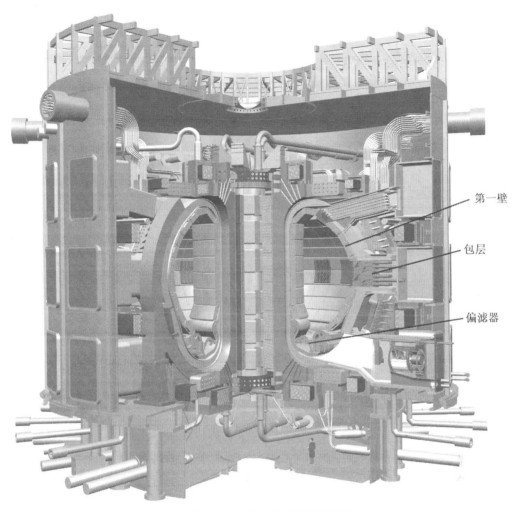

第一壁

包层

偏滤器

图 10.27　托卡马克装置示意图

10.6.2　偏滤器结构材料

偏滤器的作用是通过干扰约束磁场,将杂质、逃逸离子收集、排除,因此偏滤器面向等离子体的部位比第一壁承受更高的热和粒子通量,热负荷一般高出 1 个量级。偏滤器与第一壁结合,二者材料的热膨胀系数要匹配,以减小接触部位的热应力。这就要求偏滤器材料除了与第一壁结构材料相似的要求外,还要有高的热导率。候选材料有铜合金、钼合金和铌合金。铜合金的优点是导热率高,主要问题是热膨胀系数大,熔点低。钼合金和铌合金的优点是熔点高,热膨胀系数与碳、钨装甲材料相近。但钼合金的辐照脆化严重,制造和焊接困难。

10.6.3　氚增殖材料

包层内的氚增殖材料在中子作用下转换成氚,为聚变堆提供燃料中的氚。氚增殖材料是含锂的陶瓷或液态金属合金，包括 Li_2O、$LiAlO_2$、Li_2SiO_3、Li_2ZrO_3、Li_2TiO_3、液态 Li 和 Li – Pb 合金，以及含 Li 熔盐等。氚增殖材料的基本要求是，有一定的氚增殖能力，化学稳定性好，与结构材料相容，氚回收容易，残留量少。

Li 原子产氚的反应为

$$^6Li + n \longrightarrow He + T + 4.78 \text{ MeV} \tag{10.10}$$

$$^7Li + n \longrightarrow He + T + n - 2.5 \text{ MeV} \tag{10.11}$$

产氚率大小取决于材料中的 Li 原子密度，在陶瓷增殖剂中，Li_2O 的 Li 原子密度最高，产氚率最大，且不需富集 ^6Li，其他陶瓷材料需要富集 ^6Li，或者添加 Be 或 Pb 中子倍增材料。但 Li_2O 具有化学性质活泼（与水反应）、氚释放量少和辐照肿胀严重等缺点。$LiAlO_2$、Li_2SiO_3、Li_2ZrO_3、Li_2TiO_3 等克服了这些缺点，成为主要的氚增殖候选材料，需要开展的研究工作是补充辐照行为数据和研究氚释放行为。

参考文献

[1] 王德禄. 核和平之父 - 里奥 西拉德[J]. 自然辩证法通讯,1988,53(1):45-57.

[2] 李文琰. 核材料导论[M]. 北京:化学工业出版社,2007.

[3] 弗罗斯特 B R T. 核材料[M]. 北京:科学出版社,1999.

[4] 长谷川正义,三岛良绩. 核反应堆材料手册[M]. 北京:原子能出版社,1987.

[5] ADU-KHADER M M. Recent advances in nuclear power:A review[J]. Progress in Nuclear Energy,2009,51:225-235.

[6] MURTY K L,CHARIT I. Structural materials for Gen-Iv nuclear reactors:challenges and opportunities[J]. J of Nuclear Materials,2008,383:189-195.

[7] 杨文斗. 反应堆材料学[M]. 北京:原子能出版社,2001.

[8] FOMIN S P,FOMIN O S,MELNIK Y P. Nuclear burning wave in fast reactor with mixed Th-U fuel[J]. Progress in Nuclear Energy,2011,53:800-805.

[9] INGERSOLL D T. Deliberately small reactors and the second nuclear era[J]. Progress in Nuclear Energy,2009,51:589-603.

[10] MARQUES J G. Evolution of nuclear fission reactors:Third generation and beyond[J]. Energy Conversion and Management,2010,51:1774-1780.

[11] 赵志祥. 加速器驱动的洁净核能系统国际研究进展[J]. 原子核物理评论,1997, 14(2):121-124.

[12] 樊胜,叶沿林,赵志祥,等. 加速器驱动洁净核能系统散裂靶辐射损伤研究[J]. 原子能科学技术,2001,35(2):164-168.

[13] 詹文龙,徐瑚珊. 未来先进核裂变能 -ADS 嬗变系统[J]. 中国科学院院刊,2012, 27(3):375-381.

[14] AZEVEDO C R F. Selection of fuel cladding material for nuclear fission reactor[J]. Engineering Failure Analysis,2011,18:1943-1962.

[15] LUTIQUE S,STAICU D,KONINGS R I M,et al. Zirconate pyrochlore as a transmutation target:thermal behaviour and radiation resistance against fission fragment impact[J]. Journal of Nuclear Materials,2003,319:59-64.

[16] DELAGE F,BELIN R,CHEN X N,et al. Ads fuel developments in europe:Results from the eurotrans integrated project[J]. Energy Procedia,2011,7:303-313.

[17] 朱鑫璋,罗上庚,汪德熙. 锕系核素的人造岩石固化[J]. 核科学与工程,1997,17(2):173-177.

[18] 车春霞,滕元成. 钙钛锆石固化处理高放射性废物的研究现状[J]. 硅酸盐通报,2006,25(3):105-110.

[19] 顾忠茂. 核废物处理技术[M]. 北京:原子能出版社,2009.

[20] WHITE T J. The microstructure and microchemistry of synthetic zirconolite, zirkelite and related phases[J]. American Mineralogist,1984,69:1156-1172.

[21] 郝嘉琨. 聚变堆材料[M]. 北京:化学工业出版社,2007.

[22] FU X M,LIANG T X. Preparation of UO_2 Kernel for HTR-10 Fuel Element[J]. J of Nuclear Science and Technology,2004,41:943-948.

[23] 朱峰,郭文利,梁彤祥. 高温气冷堆大晶粒二氧化铀核芯研究[J]. 原子能科学技术,2011,45(6):695-699.

第 11 章　核电池技术与材料

放射性同位素能够自发地衰变成另一种原子核,在衰变过程中不断地放出 α、β、γ 等射线,同时释放热量。如 210Po 发生 α 衰变时可以放出约 5.4 MeV 能量,氚(^{3}H) 发生 β 衰变时放出 0.186 MeV 能量;放射性同位素衰变不仅能放出比较多的能量,而且衰变时间很长。如 1 g 镭在衰变中放出的能量比 1 g 木柴在燃烧中放出的能量大 60 多万倍,其衰变时间长达 1 万年。

几乎在发现放射性的同时,人们就设想利用放射性同位素衰变时发射粒子所带能量转化成容易利用的电能,该电源装置就叫核电池,也称为同位素电池。一般来说,该装置是利用这些粒子(α 粒子、β 粒子) 的能量或电荷所引起的热效应、光效应或电离作用等来产生电能的。

核电池的优点是:

(1) 体积小、质量轻和寿命长,一般工作寿命可达 5 ~ 10 年;

(2) 同位素衰变时放出的能量大小、速度,不受外界环境中的温度、化学反应、压力、电磁场等的影响。

因此,它以抗干扰性强和工作准确可靠而成为电池家族中的佼佼者,可以在很大的温度范围和恶劣的环境中工作。例如,它不怕月球表面 -127℃ ~ 183℃ 巨大的温度变化,也不怕深海下的高压和腐蚀。正因为如此,在人造卫星、探测飞船及人迹罕至的北极、南极、沙漠、孤岛、高山等处的自动气象站、地震观察站、飞机导航站或海上灯塔、微波中继站等设施中被广泛采用,这些方面都是其他能源(太阳能电池、二次电池、燃料电池) 无法替代的。

核电池的主要缺点是发电效率低,大约只有 10% ~ 20% ,大部分热能被浪费掉;而且目前的价格也还比较昂贵。不过,在许多特殊应用场合,人们仍把核电池看作是最佳的选择,甚至是唯一的选择。

11.1　核电池的发展

核电池从设想发展到实用,要有一定的条件:一是要有足够的能发射粒子的放射性同位素;二是要有能够把粒子能量收集并转换的适当机制和器件;三是社会对高效能长寿命电池的迫切需求。

同位素电池研究取得实质性进展是从 20 世纪 50 年代开始的,当时,由于核反应堆的投入运行和同位素分离技术的发展,生产出大量的放射性同位素。同时由于半导体技术的迅速发展,在技术上和材料上提供了利用半导体转换器件的可能。最主要的是这一时期航天技术的发展,对高效能长寿命电池产生了极大的需求,从而大大地促进了同位素电池的研究与发展。在 50 年代后期,第一代热机制同位素电池在苏美两国的航天与核技术竞争中诞生了。美国在 1959 年 1 月 16 日制成第一个核电池,重 1 800 g,在 280 天内发出 11.6 度电。

20 世纪 60 年代,同位素电池的研究在全世界全面展开。由于半导体二极管质量的迅速提高,对温差电动势、辐射伏特效应以及光伏特效应等机制研究起到了推动作用。我国的同位素电池的研究也正是从 60 年代初开始的,当时的主要目的是研究用于深海声纳和海岛灯塔的电源。由于国内缺乏生产所需的 α 源,故立足于利用裂变产物 90Sr – 90Y β 放射源作热源,通过温差电动势的方式转换成电能。并为此于 70 年代初在国营 404 厂建立起一条 90Sr 专用分离生产线。

20 世纪 70 年代,受到半导体材料的抗辐照性能和器件加工工艺的限制,核电池转换率没有多少提高。国内的同位素电池研究于 70 年代初在上海原子核研究所模拟温差发电实验成功,利用 210Po 为热源,产生热能 35.5W,取得了 1.4W 的功率输出,并进行了模拟空间应用的地面试验。国际上,苏美等国已先后将同位素电池用于心脏起博器、无人气象站和无线电站等更为广泛的领域。

80 年代,苏、法、美先后开发出大功率热机制同位素发电装置,用做火箭的第二级发动机动力和航天器的电源。苏联、法国分别制成 200 kW 和 100 kW 的核发动机。美国也试制出了 8 kW 的同位素电源。直到 80 年代中期同位素电池研究一直是热机制占统治地位。在 80 年代末,美国科学家 P. Brown 在利用 β 伏特效应的研究中,采用共振吸收技术,取得了重大进展。

至 20 世纪末,美国发射的 25 艘航天器,共携带了 44 台热电式核电池,所用燃料都是 238Pu。同期,俄罗斯为了完成对火星进行综合研究的国际"火星 – 96"计划,发展空间热转换核电池再一次受到重视。1996 年 11 月发射的"火星 – 96"飞船,使用了 4 台 238Pu 核电池,随后,研究了供"小型自动观察站"运转及处理和发送信息用的核电池(电功率 200 mW 和 400 mW)。

2003 年美国开始执行"普罗米修斯"计划,恢复研制核动力。在该计划中包括开发 2 种新型放射性同位素发电器:多用途温差发电器和斯特林发电器。目前,美国和俄罗斯正在研制功率数十至 100 kW、寿命 5 ~ 7 年的反应堆热离子发电器,用作航天器及电推进系统的电源,同时研究斯特林循环和布雷顿循环等动态转换的热电发电机。除美国、俄罗斯外,德国和日本也在发展本国的太空核电源。

11.2　核电池分类

根据核电池所能提供的电压的高低,可分为高压型核电池和低压型核电池。前者可提供几百至几千伏的电压,但电流仅为 10^{-12} A 量级,后者电压为几十毫伏至 1V 左右,电流为 10^{-9} 至 10^{-5} A 的量级。高压型核电池包括直接充电核电池,低压型核电池包括温差核电池、气体电离式核电池、光电式核电池等。

核电池按能量转换过程分为热转换式和非热转换式两大类,其中多数是利用放射性同位素释放出的热能。热能转换成电能的方式有静态和动态两种,其中静态转换方式又包括温差(热电偶)转换和热离子转换等。动态转换方式是用热能加热流体工质,使工质在高温高压下膨胀,推动涡轮发电机发电。

按照同位素电池所用的能量转换机制分为直接转换式核电池和间接转换式核电池。

11.2.1 直接充电式核电池

直接充电式核电池主要由含同位素源的发射体、收集极以及其间的电介质组成。同位素源发射的 α、β 粒子被收集极直接收集,同时形成一个介于发射体和收集极之间的电势差。图 11.1 为发射 β 粒子的直接充电式核电池的示意图,粒子发射层一般为具有 β 放射性的 90Sr、85Kr、210Po 和氚。因用固体做介质会大大降低转换效率,故通常选用真空做介质。这种电池的理论效率对球形电池最大为 11%,对平板结构电池最大为 2%。在实验室模拟装置上其效率仅约 0.1%。

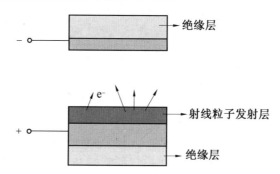

图 11.1　发射 β 粒子的直接充电式核电池

这种电池的产生电压较高,属于高压型核电池,电池电流的大小取决于收集电极每秒所收集到的电子数,它与负载无关,故可看作恒流源。但因既要保持长期稳定的高真空度,又要加入放射性同位素源,技术难度大。

11.2.2 气体电离式核电池

图 11.2 为气体电离式核电池示意图。气体电离式核电池的原理是接触势差,由两个不同材料制成的电极、充入的气体电介质以及同位素源三部分组成。两电极由于材料的表面电子溢出功不同,在两极间产生一定的电势差,其最大可等于两种材料的表面电子溢出功之差,即

$$V_{\max} = \varphi_2 - \varphi_1 \tag{11.1}$$

用表面电子溢出功小的材料做正极,表面电子溢出功大的做负极,充入气体的电离势必须比负极的表面电子溢出功大。当射线的带电粒子对气体电离产生带电离子后,电子空穴对分别被正极和负极所收集,离子作定向运动从而形成电流。通常用放射性气体 ^{3}H 和 ^{85}Kr,既做同位素发射体又做气体电介质,也可以混合一定量的 Ar 气体。用

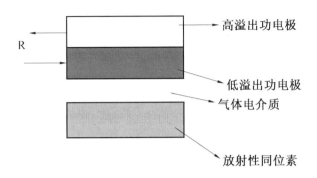

图 11.2 气体电离式核电池示意图

接触势原理制做的同位素电池的开路电压取决于接触电势差的大小,最大电势差可达
1V 以上,当电流密度为 10^{-9} A/cm² 情况下,其效率小于 0.5%。

11.2.3 辐射伏特效应能量转换核电池

图 11.3 为辐射伏特效应能量转换核电池示意图。该电池的原理是利用带有一定
能量的粒子束照射到半导体材料上,通过电离效应产生电子 – 空穴对,同时,在 PN 结
的内建电场作用下,实现对电子 – 空穴对的分离,即电子向 N 区、空穴向 P 区运动,产生
电流输出。由于受材料和 PN 结加工工艺的限制,一直到 80 年代初期,该电池的效率仍
小于 1.5%。而理论上估算,在理想情况下可获得 40% 以上的转换效率。造成这一差
距的主要原因是:只有很小一部分射线能量在 PN 结灵敏区内产生电离并被收集。随
着半导体材料技术和 PN 结制作工艺水平的提高,发电效率将逐步提高。P. Brown 采用
了特殊的共振吸收电路,实现 25% 的能量转换率。

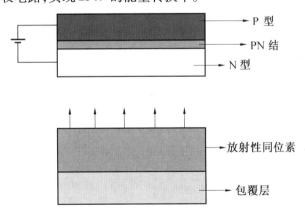

图 11.3 辐射伏特效应能量转换核电池示意图

中国科学院近代物理所采用了特殊的 PN 结技术,在增大了 PN 结灵敏区厚度的同
时,保证了载流子的漂移长度,完全靠内建电场,实现了对 ^{238}Pu α 粒子(E_α = 5.15 MeV)
产生的电子空穴对 92% 的收集率;对 ^{90}Sr – ^{90}Y 衰变过程发射的 β 粒子($E_{\beta1}$ = 546 keV,

$E_{\beta2} = 2\,284$ keV) 产生的电子空穴对高于 67% 的收集率。通过进一步改进,可望对 $E \leqslant 200$ keV 的 β 粒子产生的电子空穴对的收集率超过 90%。目前的实验结果显示,实验室能量转换率可达 16%,并可通过进一步改进 PN 结构造,逐步向 26.9% 这一理论极限(对硅器件)推进。

该类核电池具有体积小、结构简单、单个电池功率介于 1 ~ 5 W 之间、输出电压和电流可由器件内部结构改变等特点,更便于用在人工心脏起搏器等移动型永久电池。

11.2.4 荧光体光电式核电池

荧光体光电式核电池的能量转换机制是,首先利用射线作用于荧光物质诱发荧光,然后再由荧光在光电池中利用光生伏特效应转换成电能输出。如在约 50 mg 的荧光质粒子上沉积 5 mg 放射性核素 147Pm,它形成氧化钷(Pm_2O_3)涂层。钷发射的 β 射线使荧光质发光,可通过硅光电池转化为电能,这种电池的电压可达 1V,电流为 20×10^{-5} A。为了减少射线对发光材料的辐射损伤,延长其使用寿命,同位素源被限制在能量小于 500 keV 的 β 放射性源范围内。这种电池的最大制约是,与该荧光光谱相匹配的光电池器件效率低,一般小于 15%;而且受到源物质与荧光物质的混合配比浓度和几何厚度的影响,发光效率很难再提高。因此,实验室实现该机制的效率小于 1%。

11.2.5 热致光电式核电池

热致光电式核电池的能量转换过程是,首先利用放射性同位素源做热源,再用红外光敏元件将该热源产生的红外光转换成电能。为了达到高的能量转换率,红外光敏元件的接收范围需很好地与热源的辐射光谱相匹配,在这一点上,Ge 和 Ga – As 元件可较好地满足要求。这种核电池要求同位素热源的温度高于 1 700℃,其总的能量转换率理论上限为 15%。通常该种核电池功率范围在瓦至千瓦之间。

11.2.6 温差式核电池

图 11.4 为温差式核电池示意图。放射性同位素温差核电池(Radioisotope Thermoelectric Generator,简称 RTG)是最简单、核污染最易防护、可靠性高、应用最多的核电源。温差式核电池是将放射性同位素的衰变产生的射线动能转变成热能、利用塞贝克效应直接把热能转换成电能的电池。它的核心部件是放射性同位素热源和半导体温差电偶。吸收体将放射性同位素的射线能量大部分转化为热能,它与周围介质之间的温差通过半导体热电材料转变为电势差。

热源的温度取决于同位素源装载量、射线的吸收系数、发热体的几何尺寸及热通量。半导体两端的电势差用下列公式表达

$$V = \alpha_{1,2}(T_1 - T_2) \tag{11.2}$$

式中,$\alpha_{1,2}$ 为材料的转换系数,代表了两种半导体材料的组合特性;T_1、T_2 分别为器件两端的温度。

温差式核电池的结构主要包括以下几部分:

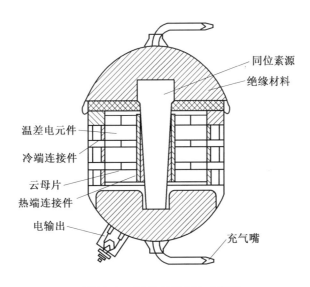

图 11.4 温差式核电池示意图

（1）热源；

（2）温差电器件（含温差电材料），将热能直接转化为电能；

（3）电极，联接两种不同类型温差电器件之间的金属，主要起电联接、机械支撑及传热作用；

（4）绝热材料；

（5）外壳，同时作为散热器；

（6）辐射屏蔽与安全防护装置；

（7）电压变换和功率调节装置。

温差电器件的一端与该热源相连，另一端与散热器相接，以辐射方式向空间散热。温差式核电池的放射性同位素多采用 α 源。如 ^{238}Pu，它主要释放 α 粒子，α 粒子穿透力差，易于屏蔽阻挡，其半衰期为 87.5 年。

目前，这种电源主要用于行星际探测和某些军事卫星。温差式核电池目前受到半导体温差电器件性能的制约，热电转换效率低，实验室最高水平可达 15%。工业化生产只能达到约 3%～10%，较典型的为 5%。

11.2.7 热离子发射式核电池

热离子发射式核电池的工作原理如图 11.5 所示，它包括同位素源、高温发射电极、低温收集电极、电子发射介质，其中同位素源可以既做热源又作转换器的阳极。在阳极与收集极（即阴极）之间充以热电子发射介质。当温度高到一定程度时，该介质发射出其原子外层电子，收集极收集发射的电子，通过外接负载回到发射极形成电流。要实现该过程，两极间的距离必须小于电子平均自由程，热电子发射体的表面电子溢出功必须大于阳极的表面溢出功，而且热源的温度要达到 1 500～2 000℃。因而对材料乃至介质的性能要求较苛刻。加之技术与结构的要求，通常只能用 Ce 做转换介质。在功率低于 1 mW 时,效率大约为1%;对于大功率转换装置,其效率为5% ~ 20% 。所以热离子发射式核电池适合于大功率输出,通常与反应堆热源联合使用,构成反应堆热离子发电器。

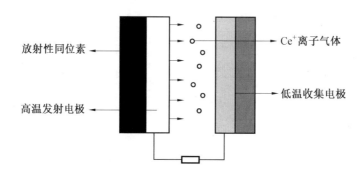

放射性同位素

高温发射电极

Ce⁺离子气体

低温收集电极

图 11.5　热离子发射式核电池工作原理图

11.2.8　电磁辐射能量转换核电池

电磁辐射能量转换核电池的机理,是由中科院近代物理研究所的王铁山等人于1991 年首先提出的。其原理是基于 β 粒子在变速运动过程中辐射电磁波这的现象,利用磁场约束同位素源辐射的 β 粒子,使其在回旋运动中将能量以电磁波的形式辐射出来;同时利用金属的导体性实现对电磁波的驻留,并利用金属的非理想导体性和金属内电流的趋肤效应实现对电磁波的定比例吸收,并转换成电流稳恒输出。由于能量低于500 keV 的电子的辐射功率较小,因此,该方式通常只适用于能量高于 500 keV 的 β 粒子。如 $^{90}Sr - ^{90}Y$ 同位素源,理论上可实现37% 的能量转换,实际可望达到约20% 。若利用电场将低能 β 粒子引出,并利用 β 伏特效应转换其能量,则系统总的理论能量转换率将会达 50% ,实际可望达约30% 。这样,正好发挥了这两种机制分别适用于高能区和低能区的特点,实现了互补。但是理论计算表明,在0.1T 磁场下,100 ~ 2 284 keV 的β 粒子的旋转半径介于 10 ~ 100 mm 之间,电磁辐射波长处于亚厘米波段,将其收集并转换成电流有一定难度。

11.2.9　热机转换核电池

热机转换核电池是利用放射性同位素作为热源带动流体循环工作,通过热机转换来实现发电,属于动态转换式核电池。从性质上讲,属于发电机的概念,不同于一般的核电池这一范畴,因为该机制除了是以同位素源做热源不同于通常的热力发电外,后续过程与普通热电转换过程基本相同。按流体工质循环工况的不同,又分为斯特林(Stirling)循环、朗肯(Rankin)循环和布雷顿(Brayton)循环,转换效率为 10% ~20% 。热机转换核电池适合大功率发电,但其结构复杂,又有活动部件,需要润滑和维护,目前处于研究开发阶段。

综合上述各种核电池,它们之间性能与发展情况比较列于表 11.1。

表 11.1 各种核电池性能与发展状况

种类	功率范围	转换效率	发展状态	应用领域
直接充电式核电池	< 10 μW	< 1%	试制原型	高压电源
气体电离式核电池	< 1 μW	< 1%	模拟装置	心脏起搏器、航天、深海、极地等
辐射伏特效应能量转换核电池	< 1 μW ~ 5W	≈ 17%	系列样品	
荧光体光电式核电池	< 1 mW	< 1%	试制原型	很少利用
热致光电式核电池	10 W ~ 1 kW	≈ 15%	试制原型	
温差式核电池	1 W ~ 1 kW	≈ 8%	工业化生产	航天、深海、极地、气象及微波站
热离子发射式核电池	1 kW ~ 200 kW	≈ 15%	试制原型	可望做工业发电、火箭二级发动机
电磁辐射能量转换核电池	1 mW ~ 1 kW			
热机转换核电池	100 W ~ 200 kW	10% ~ 20%	试制原型	很少利用

11.3 核电池用材料

核电池虽有多种形状,但最外部分都由合金制成,起保护电池和散热的作用;次外层是辐射屏蔽层,防止辐射线泄漏出来;第三层就是换能器,将热能转换成电能;最后是电池的心脏部分,放射性同位素原子在这里不断地发生衰变并放出热量。可见,核电池所用材料涉及同位素放射源、能量转换材料、防辐射材料、散热材料等。其用途的特殊性决定了所选用材料的特殊性。

11.3.1 同位素放射源

尽管放射性同位素已有 2500 余种,并不是所有的放射性同位素都可以作为核电池的放射性源。从目前核电池放射源作用来看,除了直接充电式核电池和气体电离式核电池,其他种类的核电池的放射源的主要作用是作为热源。核电池的放射源要求:半衰期长(保证电池的长寿命)、功率密度高、放射性危险性小、容易加工、经济、易于屏蔽等。

根据放射性同位素发出的射线不同,可以将其分为 α 源、β 源、γ 源三类。根据上述需要满足的条件,适合作为核电池放射源的同位素有近 10 种。分别是 γ 源 ^{60}Co;β 源 ^{90}Sr、^{137}Cs、^{144}Ce、^{147}Pm;α 源 ^{210}Po、^{233}Pu、^{241}Am、^{242}Cm、^{244}Cm 等。表 11.2 列出了核电池常用放射性同位素的一些参数。表 11.3 则给出了各种核电池目前所使用放射源状况。

表 11.2 不同放射性同位素的参数比较

放射源核素	半衰期/a	射线种类	比功率/(W·g^{-1})
^{60}Co	5.26	β,γ	5.54
^{90}Sr	28.5	β	0.223
^{137}Cs	30	β,γ	0.12
^{144}Ce	0.78	β,γ	0.284
^{210}Po	0.38	α	144.8
^{238}Pu	87.7	α	0.45

表 11.3 各种核电池所使用放射源

种 类	同位素源	实 例
直接充电式核电池	α、β	^{90}Sr、^{85}Kr、^{210}Po、^{3}H
气体电离式核电池	β	^{3}H、^{85}Kr
辐射伏特效应能量转换核电池	β	^{90}Sr － ^{90}Y
荧光体光电式核电池	β	^{147}Pm
热致光电式核电池	β	^{90}Sr
温差式核电池	α、β	^{238}Pu、^{210}Po
热离子发射式核电池	α	^{144}Ce
电磁辐射能量转换核电池	β	^{90}Sr － ^{90}Y
热机转换核电池	α、β	^{235}U、

放射性同位素发射的 β 和 γ 射线穿透能力强,要求很厚的防护层。作为空间应用最为合适的是 α 热源,如 ^{210}Po、^{238}Pu,它们的外照射剂量低,所需屏蔽重量小,可以大大节省火箭发射费用。^{210}Po 的寿命短,半衰期仅为 0.38a,衰变时释放的能量为 5.35 MeV;^{238}Pu 的寿命长,半衰期为 87.7a,衰变时释放的能量为 5.48 MeV。因此,以 ^{238}Pu 应用最多。

美国在空间飞行器上均使用 ^{238}Pu 热源,就 ^{238}Pu 热源的燃料形式而言,早期曾使用过金属钚(如 SNAP－3B、SNAP－9A),之后使用了氧化钚微球(如 SNAP－19B、SNAP－27)、氧化钚－钼陶瓷(如 SNAP－19、百瓦级 RTG),现今已发展为热压氧化钚(^{238}PuO$_2$)块(如通用型 RTG)。^{238}Pu 是核反应堆生产的超铀元素,生产过程为

$$^{238}U \xrightarrow{(n,2n)} {}^{237}U \xrightarrow{\beta-} {}^{237}Np \xrightarrow{(n,\gamma)} {}^{238}Np \xrightarrow{\beta-} {}^{238}Pu$$

1989 年美国发射的“伽利略号”木星探测器、1990 年“尤里西斯号”太阳极区探测器以及 1997 年克西尼号土星登陆器所用核电池的同位素放射源都是包覆燃料颗粒,它也可以用在空间放射性同位素加热单元中。图 11.6 为 ^{238}PuO$_2$ 包覆颗粒,它是在 ^{238}PuO$_2$ 核芯外包覆厚度为 5 μm 的热解碳层和厚度大于 10 μm 的 ZrC 层。将包覆颗

粒分散在石墨基体中进行压制,由于石墨基体良好的导热性能,在压制过程中包覆颗粒分布不均匀不会影响热转换,通过每颗燃料颗粒的温降也仅仅为 0.01K。压块中的燃料核芯可以有 300 μm 和 1 200 μm 两种尺寸,分别占颗粒体积的 62.5% 和 72%,如图 11.7 所示。热解碳层为疏松结构,能起到储存 ^{238}Pu 放射时产生的 He 气,也能起到应力缓冲的作用。ZrC 层强度高、耐高温,起到压力壳作用。

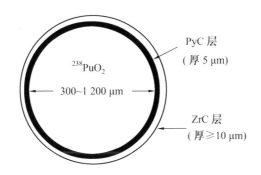

图 11.6　包覆核燃料颗粒的剖面图

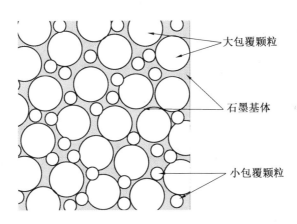

图 11.7　包覆颗粒的燃料压块

在陆地上使用的核电池,体积重量问题不是影响其应用的主要因素。在选择燃料时,可以根据经济性以及其他因素作全面考虑。在偏僻地区使用的核电池,可以选用 ^{90}Sr 作为放射源。^{90}Sr 本身是裂变堆的主要放射性废物之一,可以从核电站的放射性废物中提取。^{90}Sr 会放出类似于 X 射线的次级射线,必须用 10 cm 厚的铅才能把它屏蔽住。如果用铁来屏蔽需要 20 cm。因此,这种发电装置重量高。

11.3.2　电能转换材料

核电池的发电机制各有不同,所以所用能量转换材料也不同。

直接充电式核电池的电能转换很直接,一般两个电极都选用金属,发射电子的一端为正极,接收电子一端为负极。美国康奈尔大学科学家研究利用铜板和同位素镍 – 63

板作为新型电池,在衰变时镍－63 会释放 β 粒子,失去电子获得正电荷,铜板接收 β 粒子带负电,外接负载构成回路时,镍铜电池便会开始工作,源源不断地产生电流,为负载提供电能。镍－63 能发生衰变,会不断释放电子,半衰期达 100 年。按半衰期来算,该电池至少工作 50 年。

气体电离式核电池能量的转换靠溢出功有差异的材料实现,一般高溢出功的材料有铂、氧化铅、钼、金等;低溢出功的材料有镁、铝等;放射性气体电介质通常为氚或 ^{85}Kr。若用二氧化铅(高逸出功)和镁(低逸出功)作为电极,则开路电压可达 1.5 V 左右。

辐射伏特效应能量转换核电池、荧光体光电式核电池、热致光电式核电池以及应用广泛的温差式核电池的发展都与半导体技术的成熟密切相关。美国能源部提出的先进放射性同位素发电体系(ARPS)的开发计划中就包括热致光电式核电池,使用的半导体为 Ga－Sb 元件,另外,Ge 和 Ga－As 元件也可较好地满足要求。采用这种材料制造的核电池的能量转换效率比目前使用的温差式核电池高出 2～3 倍,这一计划的实施意味着未来空间能源在输出同样的功率时,可以使用较少的放射性同位素原料的用量,并大大减少电池的重量。

温差式核电池作为一种成熟的核电池,其发展与热电材料的发展息息相关,其所用的能量转换材料为热电材料,是核电池的重要部件,其功能将放射性同位素衰变时产生的热能转变为电能。温差热电转换器是由一些性能优异的半导体材料组成,如碲化铋、碲化铅、锗硅合金和硒族化合物等,把这些材料串联起来,P 型半导体元件和 N 型半导体元件就作为电池的两极。

表 11.4 为美国空间用温差式核电池的热电材料的综合特性。由表可见,总共使用了三种类型的热电材料,早期均采用 PbTe 作热电材料,后来研制了 TAGS(Te、Ag、Ge、Si)合金作 P 型元件,N 型元件仍为 PbTe,热接点温度可达 600℃。近年来,在百瓦级温差式核电池和通用型温差核电池中又使用了新的热电材料 SiGe,使热接点温度提高到 1 000℃。

表 11.4　美国空间用温差式核电池热电材料的综合特性

飞　　船	热电材料(T/E)	电池内部环境	热电偶	热节点温度/℃	转换效率/%	比功率/W·kg^{-1}
子午仪－4A	PbTe2N/2P	真空	传导	513	5.0	1.48
子午仪－4B	PbTe2N/2P	Kr/He	传导	513	5.0	1.48
子午仪－5BN1	PbTe2N/2P	Ar/He	传导	517	5.1	2.2
子午仪－5BN2	PbTe2N/2P	Ar/He	传导	517	5.1	2.2
阿波罗－12	PbTe3N/3P	Ar	传导	582.617	5.0	2.34
阿波罗－14	PbTe3N/3P	Ar	传导	582.617	5.0	2.34
阿波罗－15	PbTe3N/3P	Ar	传导	582.617	5.0	2.34

续表11.4

飞 船	热电材料(T/E)	电池内部环境	热电偶	热节点温度/℃	转换效率/%	比功率/W·kg⁻¹
阿波罗 - 16	PbTe3N/3P	Ar	传导	582.617	5.0	2.34
阿波罗 - 17	PbTe3N/3P	Ar	传导	582.617	5.0	2.34
子午仪 Triad	PbTe2N/3P	真空	辐射	400	4.2	2.6
雨云 - Ⅲ	PbTe2N/3P	Ar/He	传导	507	6.0	2.1
先驱者 - 10	PbTe2N/TAGS* - 85	Ar/He	传导	512	6.3	3.0
先驱者 - 11	PbTe2N/TAGS - 85	Ar/He	传导	512	6.3	3.0
海盗登陆器 - 1	PbTe2N/TAGS - 85	Ar/He	传导	546	6.3	3.0
海盗登陆器 - 2	PbTe2N/TAGS - 85	Ar/He	传导	546	6.3	3.0
林肯实验卫星 - 8	SiGe	真空	辐射	1000	6.7	3.94
林肯实验卫星 - 9	SiGe	真空	辐射	1000	6.7	3.94
旅行者 - 1	SiGe	真空	辐射	1000	6.7	3.94
旅行者 - 2	SiGe	真空	辐射	1000	6.7	3.94
伽利略号	SiGe	真空	辐射	1000	6.8	5014
尤里西斯号	SiGe	真空	辐射	1000	6.8	5.14

* 注:TAGS 为 Te、Ag、Ge、Si 合金,作 P 结

　　2005 年美国罗彻斯特大学、加拿大多伦多大学、美国罗彻斯特技术研究院和美国休斯敦贝塔电池公司的一个研究小组用制造微芯片的相同技术研制成功一种可以改良电流的三维多孔硅二极管。该电池采用氚作为同位素放射源,三维多孔硅为半毫米厚的硅片,表面蚀刻有很深小孔,宽 1 μm、深 40 μm,通过吸收氚产生的 β 粒子产生电流,这一结构大大增加了外露表面的面积,能非常有效地吸收所有源电子的动能,其功效大约为原来的 10 倍。这种核电池体积小,而且"长寿",至少能工作 12 年。除了吸收电子产生电流外,多孔硅片的内部表面还能容纳更多的入射辐射。可以看出纳米技术在核电池方面将起到一定的改善性能的作用。

11.4　核电池的应用

　　宇宙航行对电源的要求非常高,除了功率必须满足要求外,还要求体积小、重量轻、寿命长,同时还能经受宇航中各种苛刻条件的考验。核电池可以满足各种航天器对电源的长期、安全、可靠供电的要求,被航天界普遍看好和广泛应用。

目前地球轨道卫星(如气象卫星、导航卫星、通讯卫星)所用电源大多数为太阳能电池,在阳光微弱或者没有阳光的空间飞行时,太阳能电池就失去了用武之地,这就得依靠核电池提供电源。随着人类航天活动的日益拓展,必然对空间电源提出新的需求,同位素电池成为航天技术进步的更重要工具。

大海的深处,也是核电池的用武之地。在深海里,太阳能电池根本派不上用场,燃料电池和其他化学电池的使用寿命又太短,而核电池能够胜任。例如,核电池能使处于深海、远海、急流险滩处的灯塔和导航浮标,保证其每隔几秒钟闪光一次,几十年内可以不换电池。还有一些海底设施,如海下声纳,各种海下科学仪器和军事设施,海底油井阀门的开关,海底电缆中继器等,还有的将核电池用于海底电缆的中继站电源,它既能耐五六千米深海的高压,安全可靠地工作,又使成本降低。

地面上有许多终年积雪冻冰的高山地区、遥远荒凉的孤岛、荒无人烟的沙漠,还有南极、北极等,也需要建立气象站和导航站。用放射性同位素作电源,可以建成自动气象站或自动导航站,实现自动记录、自动控制、常年无须更换和维修。

在医学上,核电池已用于心脏起搏器和人工心脏。

从汽车安全气囊的触发感应器,到环境监控系统的药品释放,微型电动机械(MEMS)已经应用到了日常的生活中,并有希望生产大量不同的具有创新意义的设备。包括"芯片上的实验室",微机加工隧道扫描显微镜,用于生物制剂的微观探测器,用于 DNA 识别的微系统等。但这些设备受到缺乏随机电源的限制,目前正在研究的解决方法包括燃料电池、矿物燃料以及化学电池,而这些方法都有局限性。在如此小的比例上,化学电池不能足以提供能量来驱动这些设备。因为缩小电池的体积,所储存的能量是以体积的指数倍下降。对于长寿,高能密度的设备,随机的放射性同位素电源是最佳选择。

Cornell 大学和 Wisconsin – Madison 大学的研究组致力于以微型核电池作为微型发电机动力的研究,其原理示意如图 11.8。它们的放射源是 4 mm^2 的镍 – 63 薄片,在正上方为与硅片连接的铜片,硅片如悬臂似地向外伸展在放射源上方,它可以上下摆动,如图 11.8(a) 所示。电子从放射源释放出来后,穿过空隙然后击中这个硅片悬臂,使其带上负电荷。带上正电的放射源开始吸引悬臂,使其弯曲,如图 11.8(b) 所示。一小片压电材料黏合在硅片悬臂上上方,并随着硅片悬臂弯曲。机械拉伸使压电材料内部晶体结构的电子不平均分布,令结合在晶体结构上部和下部的电极之间产生电压。过了短暂时间后硅片悬臂和放射源已经相当接近,积累的电荷因为他们的直接接触而放电,如图 11.8(c) 所示。放电也可以通过隧道效应或者空气被击穿,在这个时候,电子流回放射源,因此硅片和放射源之间的静电消失,如图 11.8(d) 所示。硅片悬臂就像一块跳水板一样反弹并且震荡,反复出现的机械变形使压电材料产生一连串的电脉冲。这个充电、放电的过程不断循环,产生的电脉冲可以被整流而提供直流电。

利用悬臂带电量和放射源之间的气体分子数的关系,研究者研发了一个气压感应器,越高的气压,空气间隙之间的气体分子就越多,电子就更难使悬臂带电。因此,只要追踪悬臂的充电时间,这个感应器甚至可以在低气压例如真空间下感应微帕斯卡的变化。

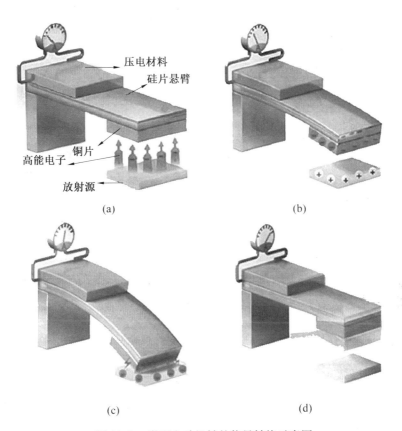

压电材料

硅片悬臂

高能电子 ← 铜片

放射源

(a)

(b)

(c)

(d)

图 11.8 微型电动机械的能量转换示意图

　　悬臂也可作为一个天线来发射无线电信号用以测量距离。悬臂是用高电介质的材料制成,在它的上方和下方安置电极。当底部电极带电时,电场在电介质形成。当它放电的时候,内部电子变得分布不平均,于是电场沿着电介质传递。这个悬臂因此变成了一个周期性发射射频信号的天线,信号脉冲之间的时间延迟取决于气压。利用这个悬臂结构的能量产生源,可制造自我供电的光感应器,用于光电通讯。这个装置包含一个连接到光电二极管上的用于侦测光亮变化的简单微处理器。

　　目前正在论证用这种设备作为射频传输器来实现和 MEMS 之间的无线交流的研究。

　　汽车能源一直备受人们的关注,从柴油、汽油到天然气,人们总是力图在保证汽车所需动力的同时尽量减少排放烟气对环境的污染。随着可持续性发展战略的实施,人们更加注重能源的环保。电动汽车是一个发展的方向,目前电动汽车所用的电池多为化学电池,体积庞大,增加了自身的负载,且也同样存在充电后使用时间短、寿命短的问题。随着航天、航空、深海等领域用核电池的成熟,核电池必将在汽车这样的能源大户中得到应用。

11.5 核电池的发展趋势

核电池目前在国内外已被用于航天、医学、深海、极地、荒漠以及无人气象站和微波站等诸多领域,并正开展在微型电子器件、电动汽车等上的应用。核电池的发展趋势如下:

1. 更安全可靠

核电池所用放射源大多数放射性同位素都有一定的危险性或毒性,容易造成环境放射性污染,因此需要特殊的屏蔽措施。这样既增加了电池的重量和体积,也增加了成本,同时也不便于携带。因此,人们越来越倾向于利用便于防护的纯 β 放射源制做同位素电池,尤其是对利用半导体器件做能量转换的同位素电池。另外,各种新工艺与材料的发展使得放射线的屏蔽将会得到进一步解决,例如,在放射性同位素外包覆耐高温且导热性能好的陶瓷、采用屏蔽效果更好的合金等。

2. 寿命更长

目前在深空、航空、航海、气象等领域应用的核电池,已经在寿命上表现出很大的优势。在未来,随着能量转换效率的提高,其寿命必将更长,在深空的探测器寿命将达到15 年以上。

3. 质量更轻

对航天领域,飞船的质量减轻能减少发射、任务执行时的能源消耗。对核电池的"瘦身"能有效地减小飞船质量,也能减少电池本身的负载。

4. 成本降低

目前,核电池的单位电能生产成本比传统电池高,其中一个重要的原因是同位素价格较高。但随着更多的核反应堆的投入运行,人工放射性同位素的生产成本会大大下降。目前有些同位素的价格已比 80 年代初下降了近 80%。同时考虑到乏燃料后处理的巨额开支,若将后处理的支出用来开展综合利用核废物的同位素电池的开发,将会产生巨大的经济效益和广泛的社会效益。

5. 转换效率更高。

提高热电转化效率一直是核电池追求的目标。

6. 功率范围扩大。

微型电子领域所用功率较小,在航天领域,人们试图用核电池作为发射火箭的动力,对能源提出更高要求,需要达到更高水平(> 10 kWe),将依赖于反应堆动力体系(如热离子堆、快中子堆),通过动态能量转化实现。

参考文献

[1] 郝少昌,卢振明,符晓铭,等. 核电池材料及核电池的应用[J]. 原子核物理评论, 2006,3:353-358.

[2] 蔡善钰,何舜尧. 空间放射性同位素电池发展回顾和新世纪应用前景[J]. 核科学与工程,2004,2:97-104.

[3] 孙树正. 放射源的制备与应用[M]. 北京:原子能出版社,1992.

[4] 邹宇,黄宁康. 伏特效应放射性同位素电池的原理和进展[J]. 核技术,2006, 6:432-437.

[5] LU M,ZHANG G G,FU K,et al. Gallium nitride schottky betavoltaic nuclear batteries[J]. Energy Conversion and Management,2011,52(4):1955-1958.

[6] DONALDSON L. Small and powerful nuclear battery developed[J]. Energy Materials Today, 2009,12(11):10-12.

[7] LEE S K,SON S H,KIM K S,et al. Development of nuclear micro-battery with solid tritium source[J]. Applied Radiation and Isotopes,2009,67(7－8):1234-1238.

[8] RONEN Y,HATAV A N. Hazenshprung,^{242m}Am fueled nuclear battery[J]. Nuclear Instruments and Methods in Physics Research Section A:Accelerators,Spectrometers. Detectors and Associated Equipment,2004,531(3):639-644.

第12章　热电转换材料

热电转换材料又称温差电材料,是能够使热能与电能直接相互转换的材料。如图12.1 所示,热水通过热电转换材料两端产生电势差,灯泡发光,即把热能转化为电能。作为能量变换的中介体,热电材料与现行的机－电变换系统相比,有三个非常突出的优点:

① 通过选择材料,可以在很宽的温度范围内(常温 ~ 1 200℃) 利用热能;

② 不需要附加的驱动、传动系统,无噪音、无污染、无磨损、运行可靠;

③ 体积小,携带、运输、保养便利。

因此,热电材料在宇宙、深海、航天器持久能量供给技术以及核电池等高科技领域有着十分重要的应用背景。

另外,在高炉余热发电、垃圾燃烧处理热能发电等能量再生利用、能量回收的众多民用科技领域也将发挥巨大作用。热电材料在能量转变过程中没有废水、废气等污染物的排出,是一种对环境近乎零排放的能源材料,这对于保护环境、改善人类生存与可持续发展具有重要的意义。

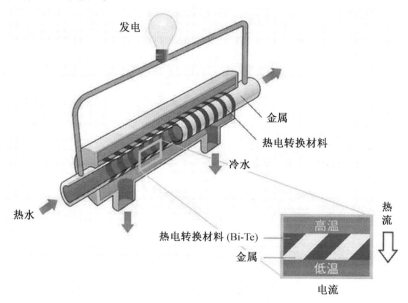

图 12.1　热电转化实验

12.1　热电学基本理论

1. 热电转换效应

基本的热电效应有三种,即 Seebeck 效应、Peltier 效应和 Thamson 效应。基于这三种效应,可以制造出实现热能和电能之间相互转换的温差电器件。

1821 年,德国物理学家塞贝克(Seebeck)考察 Bi－Te 合金所形成回路的电磁效应时发现,如使两个结点具有不同的温度,则回路中有电流产生,此电流称为温差电流,与之相应的电压称为温差电势(开路的情况)。

塞贝克效应是热能转换为电能的现象,如图 12.2 所示。对于由两种不同导体串联组成的回路,如果使两个接头在导体 b 的开路位置 y 和 z 之间,1 和 2 维持在不同的温度 T_1 和 T_2,T_1 大于 T_2,则将会有一个电位差,称为热电动势,其数值为

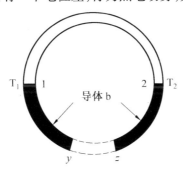

图 12.2　热电效应示意图

$$V_{yz} = \alpha_{ab}(T_1 - T_2) \tag{12.1}$$

只要两接头间的温差 $\Delta T = T_1 - T_2$ 不是很大,这个关系就是线性的,此时 α_{ab} 为常数,该常数定义为两种导体的相对塞贝克系数,即

$$\alpha_{ab} = \lim_{\Delta T \to 0} \frac{V_{yz}}{\Delta T} = \frac{\mathrm{d}V_{yz}}{\mathrm{d}T} \tag{12.2}$$

对于单一均质材料,其塞贝克系数的定义是样品两端所产生的电位降与施加在两端的狭小温差之比。塞贝克系数常用的单位是 $\mu V/K$,可正可负,取决于温度梯度的方向和构成回路的两种导体的特性。一般规定,n－型半导体热电材料的塞贝克系数为负,P－型为正。

1831 年,法国物理学家佩勒特(Peliter)发现,由两种不同的金属或合金构成的闭合回路中,如通以某一方向的电流,则结点处会有吸热或放热现象,这种由电流引起的可逆热效应称为佩勒特效应。假设接头处的吸热(或放热)速率为 q,则 q 与回路中电流 I 成正比,其关系可表述为

$$q = \pi_{ab}I \tag{12.3}$$

式中,π_{ab} 为佩勒特系数,W/A。

上述两种效应的发现都涉及到由两种不同金属组成的回路。1851 年,汤姆孙在理

论上推导第三种热电效应,即电流通过存在温度梯度的单一导体时,导体中除焦耳热以外,还有可逆热效应产生,这种效应称为汤姆孙效应,产生热量称为汤姆孙热。假设流过均匀导体的电流为 I,施加于电流方向上的温差为 $\Delta T = T_1 - T_2$,则在这段导体上的吸(放)热速率为

$$q = \beta I \Delta T \tag{12.4}$$

式中,β 为汤姆孙系数,V/K。

当电流方向与温度梯度力向一致时,若导体吸热,则 β 为正,反之为负。

这三种效应统称为热电转换效应,它们是相互关联的

$$\alpha_{ab} = \pi_{ab} T \tag{12.5}$$

或

$$\frac{\mathrm{d}\alpha_{ab}}{\mathrm{d}T} = \frac{\beta_a - \beta_b}{T} \tag{12.6}$$

2. 热电器件的工作原理

热电转换效应的发现,引起了科学界极大的兴趣,因为从宏观上讲,热电转换效应意味着热能与电能之间的直接转换。如何使这种效应成为实际应用中的能量转换与利用的途径,成了人们研究的重点。

图 12.3 是由一组 p – 型和 n – 型半导体组成的热电器件单元的工作原理图,图中经掺杂的 p – 和 n – 型两半导体由导流片相联接。图 12.3(a)为热电制冷装置原理图,如果电流按图示方向从 n – 型流到 p – 型,则在装置的上面接头处产生冷却,这种装置最大温度降低可达约 50℃。图 12.3(b)为热电发电装置原理图,如果在装置的上接头处加热,则电荷的流动将热量从上端输运到下端,在装置的两极之间将产生电位差。

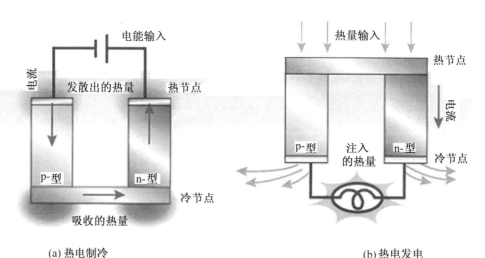

(a) 热电制冷   (b) 热电发电

图 12.3 热电制冷和热电发电示意图

3. 热电器件的性能

1901 年和 1911 年,Altenkirch 先后建立了热电发电和热电制冷的理论,并提出用来衡量材料性能优劣的一个系数 Z,即优值系数。优秀的热电材料应具备较高的塞贝克

系数α,良好的电导率 σ,以减少焦耳热的损失,低的热导率 κ 以保留结点处的热能,而这三者的综合表现可由 Z 值体现,即

$$Z = \alpha^2 \sigma / \kappa \tag{12.7}$$

单位为 K^{-1},通常用无量纲优值 ZT 来表示,T 为温度。但对于热电发电器件,至少存在着一组 $p-$ 和 $n-$ 型热电单体,并且其性能跟器件的结构和联结方式有关。主要参数包括发电效率 φ 和输出功率 P。

发电效率定义为

$$\varphi = \frac{P}{Q_h} \tag{12.8}$$

式中,Q_h 为热端的吸热量。若器件按照图 12.2(b) 所示方式工作,此时,$T_1 > T_2$,若在回路中产生的电流为 I,则发电器件的输出功率 P 为

$$P = I^2 R_L \tag{12.9}$$

R_L 为负载电阻。发电器件热端从热源吸取的热量是传导热、焦耳热和佩勒特热三部分的总和。即:

$$Q_h = \alpha_{NP} T_1 I - \frac{1}{2} I^2 R + K(T_1 - T_2) \tag{12.10}$$

式中,α_{NP} 是由式 12.2 定义的塞贝克常数;K 为两温差电偶臂的总导热系数;R 为温差电偶臂总内阻,其值为

$$R = \frac{l_n}{A_n} \rho_N + \frac{l_P}{A_P} \rho_P \tag{12.11}$$

其中 l、A、P 分别为温差电偶臂的长度、截面积和电阻率。发电效率可以表示为

$$\varphi = \frac{I^2 R_L}{\alpha_{NP} T_1 I - \frac{1}{2} I^2 R + K(T_1 - T_2)} \tag{12.12}$$

如果器件两端施加的温差为 $\Delta T = T_1 - T_2$,则在图 12.2(b) 中,两电极之间的电动势即塞贝克电压为

$$V = \alpha_{NP}(T_1 - T_2) \tag{12.13}$$

若忽略导线及接头处的电阻,则这部分产生的电压,一部分消耗在材料的内阻 R 上,另一部分则施加到外加电阻 R_L 上。施加到 R_L 上的电压降就是发电器的实际输出电压,设实际输出电压为 V_1,则

$$V_1 = \frac{V}{R + R_L} R_L = \frac{\alpha_{NP}(T_1 - T_2)}{R + R_L} R_L \tag{12.14}$$

输出功率为

$$P = \frac{V_1^2}{R_L} = \frac{\alpha_{NP}^2 (T_1 - T_2)^2}{(R + R_L)^2} R_L \tag{12.15}$$

当 $R_L/R = 1$,即发电器本身的内阻与外阻相等时,输出功率最大。其最大输出功率为

$$P_{max} = \frac{\alpha_{NP}^2 (T_1 - T_2)^2}{4R}$$

(12.16)

12.2 热电材料

如图12.4所示,目前已商用化的热电材料有 Bi_2Te_3/Sb_2Te_3(BiSb)、PbTe 和 SiGe。BiSb 适用于 50 ~ 150 K 的低温区,主要用于冷却计算机芯片和红外探测;Bi_2Te_3/Sb_2Te 适用于 250 ~ 500 K,在室温附近 $ZT \approx 1$,是目前室温下 ZT 值最高的块体热电材料,主要用于小型制冷设备。PbTe 适用 400 ~ 800 K,在 600 ~ 700 K 温区,$ZT \approx 0.8$,用于温差电源;SiGe 系列适用于 1 100 ~ 1 304 K,在 1 200 K 附近,$ZT \approx 1$,主要用于航天探测器和海上漂浮无人监测站的供电设备,美国 NASA 发射的航天器上所用的温差电源就是 SiGe。

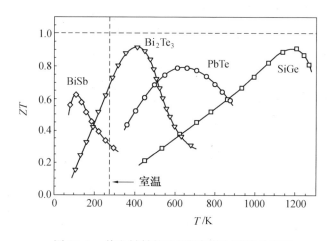

图 12.4　热电材料的无量纲优值与滤波的关系

近几年,国际热电材料研究已经取得了许多引人注目的成果,目前正在研究的热电材料,可归纳为以下几类:

1. 弱键结合的 Skutterudite 型化合物

这类化合物具有复杂的立方晶系结构,其单位晶胞中含有 32 个原子,且内部具有较大的孔洞,如图 12.5 所示。通式为 MX_3,M = Co,Rh,Ir;X = P,As,Sb,在每个单位晶胞内存在两个 VA 族类原子组成的二十面体孔洞。Skutterudite 名源于挪威的一个地名,因首次在那里发现了这种结构的方钴矿 $CoSb_3$。Skutterudite 型化合物具有较强的导电性,同时晶格热导率也很高,简单的合金化工艺也难以使其降低,因此无法获得较好的热电性能。1995 年,Morelli 等研究发现,在 Skutterudite 型晶胞的笼形孔洞中,掺入直径较大的稀土原子(例如 La),其热导率大幅度降低。Nolas 等人的实验表明,Skutterudite 型材料中的孔隙部分填充时,其导热系数甚至降低至原来的 1/10 ~ 1/20,并且材料可由 P 型变为 N 型,但仍保持较高的塞贝克系数和高的电导率。这些研究都表明,部分填充的 Skutterudit 型材料有可能成为最有前途的热电材料之一。

常见的材料有 $La_{0.5}Ni_{0.2}Co_{3.8}Sb_{12}$、$In_{0.25}Ce_{0.1}Co_4Sb_{12}$、$SmCeFe_{1.5}Co_{2.5}Sb_{12}$ 等。

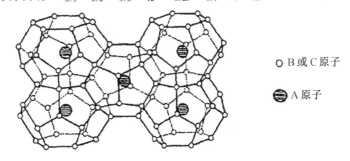

○ B 或 C 原子

◑ A 原子

图 12.5　Skutterudite 化合物晶体结构示意图

2. Zn_4Sb_3 热电材料

Zn – Sb 系统虽然早已被作为热电材料进行了大量的研究,但直到最近几年 β – Zn_4Sb_3 才被发现具有较高的热电性能。β – Zn_4Sb_3 具有复杂的菱形六面体结构,其晶胞中一共含 22 个原子,12 个 Zn 原子和 6 个 Sb 原子具有确定结构。实验和理论计算的研究表明,这种材料具有复杂且与能量有关的费米面,有可能实现高的载流子浓度,获得好的热电性能。这种结构中,有六个位置上 Zn 出现的几率为 11%,Sb 出现的几率为 89%,Zn 含量越高热电性能越好,因此在合成材料过程中,如何控制 Zn 在混合位置出现的比例是研究的重点。

3. Half-Heusler 合金

Half-Heusler 合金是指具有 $MNi_2Sn(M = Zr,Hf,Ti)$ 结构的材料,由两个相互穿插的面心立方和一个位于中心的简单立方构成,如图 12.6 所示。当其中的一个 Ni 原子的子格被一个有序的空缺晶格所代替时则形成 Half-Heusler 结构,这时结构的整体被保留,但结构点群的对称性降低,引起了价带和导带的偏移,从而形成态密度的窄带。因此,Half-Heusler 合金的性能类似于半导体,禁带宽度只有 0.1 ~ 0.5 eV,室温的塞贝克系数可以达到 400 μV/K。由于 Half-Heusler 合金具有良好的导电性,表现出较大的热电优值,因而它成为一类具有潜力的热电材料。通常认为在 300 K 左右,其热电性能达

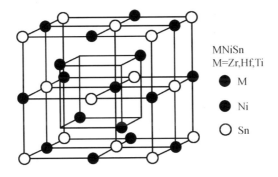

MNiSn
M=Zr,Hf,Ti

● M

● Ni

○ Sn

图 12.6　Half-Heusler 化合物的晶体结构

到最大值。但该类材料的制备条件较苛刻,需要较长时间的退火处理,例如在 Ar 气下 800 ℃ 退火,时间长达一周。

4. 准晶材料

准晶材料具备玻璃一样的热导率,如果能改善其电导性,便是很有潜质的热电材料。理论分析计算表明,由准晶所做的热电材料其 ZT 值可能超过 1,Cd – Yb 和 Ta – Te 系作为准晶是有前途的热电材料。

5. 超晶格热电材料

超晶格是指由两种或两种以上不同材料薄层周期性交替生长而形成的材料结构。当两种材料的带隙不同时,这种结构能把载流子限制在势阱中,从而形成超晶格量子阱。这类研究不是探索新材料,而是用已知的热电性能优异的材料做成量子阱,以提高材料的能态密度,增强声子散射。1993 年,Hicks 和 Dresselhaus 首先考虑了超晶格量子阱结构对热电效应的影响,认为使用超晶格可获得高的热电优值。它具有超周期性和量子限制效应,有效能隙可调。当阱宽可与载流子的德布罗意波长相比时,由于超晶格的量子效应,引起价带中的重空穴和轻空穴能带的简并度的消除。同时,由于能带的折叠效应,使能带结构和载流子的有效质量发生变化,产生不同于常规半导体的输运特性,提高了态密度。所以,超晶格量子阱结构能提高载流子的浓度,电导率也随之提高。Bi_2Te_3/Sb_2Te_3 超晶格薄膜的 ZT 已达到 3。

6. 稀有金属的硫系化合物和富硼的硼化物

稀有金属的硫系化合物中只有 $R_3X_4 – R_2X_3$ 型固溶体适用于做高温材料,R 代表稀有金属,X 代表硫系元素 S,Se,Te,它们具有较高的迁移率、较低的德拜温度及小的热导率,在一定温度下其 ZT 值可大于 1。富硼体系(如 $\beta – B$,$\alpha – A1B_{12}$ 等)的一个突出特点是它们的晶格热导率很低,它们的电导率(σ)和散射因子(S)在很大范围内随温度的升高而增大,这种现象通常被认为是由于其结构复杂,比容较小以及载流子不同常规的跃迁机制造成的。

7. 聚合物热电材料

由于导电聚合物材料具有价格低廉、质量轻、柔性好等优点,有可能成为有前途的热电材料。近年研究比较多的聚合物热电材料是导电型聚苯胺和聚吡咯,部分研究表以其热电性能可能达到 $ZT > 1$ 的水平。将纳米金属 Ag 嵌入导电聚合物,通电时可以产生大的温度梯度。

8. 梯度功能热电材料

由于晶体结构、电子结构的差异,不同材料适用于不同的温区,将不同温区的材料复合一起就能获得大的热电动势和高效率。例如在 300 ~ 1300K 的宽温区域,将三种单一的热电材料 Bi_2Te_3、$PbTe$、$Si_{0.7}Ge_{0.3}$ 联结成叠层,可获得梯度化的热电材料。理论计算表明,其综合热效率将达到 15% ~ 16%,超过现有均质材料 1 倍以上。

9. 多孔材料

多孔材料尤其是纳米多孔热电材料的研究一直是热电材料研究的主要方向之一,如 H. Yasuda 等研究了具有梯度结构的多孔材料,他们采用一种新的热压烧结方法,使热电性能和多孔率均实现功能梯度化,问题是较大的多孔结构虽然可以降低其热导率,但往往也使热电材料的电导率大大下降。通过降低多孔结构的尺寸至纳米级的方法可以减少由于多孔结构引起的电导率的下降,然而由于合成工艺方法的限制,此结构难以实现,从而难以获得期待的结果。

纳 – 微米多孔硅的热电性能研究结果表明,该结构可大大提高硅材料的热电性能,室温热电性能达到甚至超过 Si_xGe_{1-x}。

12.3　热电材料研究

热电材料研究主要集中在以下几个方面:

(1) 利用传统半导体能带理论和现代量子理论,对具有不同晶体结构的材料进行塞贝克系数、电导率和热导率的计算,以求在更大范围内寻找热电优值 ZT 更高的新型热电材料。

(2) 从理论和实验上研究材料的显微结构、制备工艺等对其热电性能的影响,特别是对超晶格热电材料、纳米热电材料和热电材料薄膜的研究,以进一步提高材料的热电性能。

(3) 对已发现的高性能材料进行理论和实验研究,使其达到稳定的高热电性能。

(4) 加强器件的制备工艺研究,以实现热电材料的产业化。

参考文献

[1] DISALVO F J. Thermoelectric cooling and power generation[J]. Science,1999, 285(5248):703-704.

[2] ANISKA R. Microcontroller based thermoelectric generator application[J]. Science, 2006,19(2):135-141.

[3] SALES B C. Thermoelectric materials-Smaller is cooler[J]. Science,2002, 295(5558):1248-1249.

[4] 王雷,王大刚,敖伟琴,等. 导电聚合物热电材料研究进展[J]. 高分子通报, 2010(11):55-59.

[5] 刘桃香,唐新峰,李涵,等. Sm 和 Ce 复合掺杂 Skutterudite 化合物的制备及热电性能[J]. 物理学报,2006,55(9):4838-4842.

[6] WANG W,JIA F L,HUANG Q H,et al. A new type of low power thermoelectric micro-generator fabricated by nanowire array thermoelectric material[J]. Microelectronic Engineering,2005,77:223-229.

[7] 王衡. AgPb18 + xSbTe20 高性能热电化合物的制备,结构表征及工艺优化[D],北京:清华大学,2008.

[8] GONCALVES A P,et al. Semiconducting glasses:A new class of the thermoelectric

materials[J]. Journal of Solid State Chemistry,2012,193:26-30.

[9] 王大刚,王雷,王文馨,等. 聚噻吩及其衍生物热电材料研究进展[J]. 材料导报,2012,7:74-78.

[10] 曹一琦. Te 基热电材料的纳米化及热电性能[D]. 杭州:浙江大学,2009.